DE LA SUPPRESSION DE TOUTE LOI SUR LES VICES REDHIBITOIRES DANS LE COMMERCE DES ANIMAUX DOMESTIQUES

PAR B. ABADIE,

VÉTÉRINAIRE DU DÉPARTEMENT DE LA LOIRE-INFÉRIEURE,
MEMBRE DE LA SOCIÉTÉ ACADÉMIQUE DE NANTES.

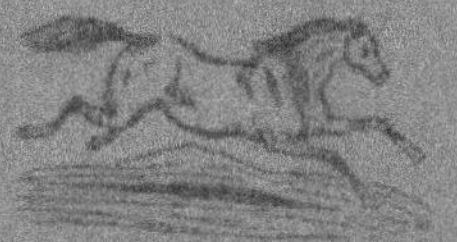

NANTES

IMPRIMERIE WILLIAM BUSSEUIL

—

1859.

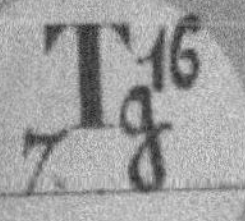

DE LA

SUPPRESSION DE TOUTE LOI

SUR LES

VICES REDHIBITOIRES

dans le Commerce

DES ANIMAUX DOMESTIQUES.

DE LA

SUPPRESSION

DE TOUTE LOI SUR LES VICES REDHIBITOIRES DANS LE COMMERCE DES ANIMAUX DOMESTIQUES

PAR A. ABADIE,

VÉTÉRINAIRE DU DÉPARTEMENT DE LA LOIRE-INFÉRIEURE,
MEMBRE DE LA SOCIÉTÉ ACADÉMIQUE DE NANTES.

NANTES

IMPRIMERIE WILLIAM BUSSEUIL

1858

DE LA
SUPPRESSION DE TOUTE LOI
SUR LES
VICES REDHIBITOIRES
dans le Commerce
DES ANIMAUX DOMESTIQUES.

La loi du 20 mai 1838, sur les vices redhibitoires, dans le commerce des animaux domestiques, a apparemment provoqué des plaintes parvenues en haut lieu, puisque Son Excellence M. le Ministre de le l'Agriculture, du Commerce et des Travaux Publics a consulté la Société impériale et centrale de Médecine Vétérinaire, siégeant à Paris, sur les modifications dont elle serait susceptible.

Personne, mieux que les membres de cette Société, n'est compétent pour éclairer le gouvernement sur un point aussi délicat. Cependant, comme Paris n'est pas tout-à-fait la France, nous avons pensé qu'il pourrait être de quelque utilité de publier les effets de cette loi dans l'Ouest de l'Empire.

Nous ne savons si nos vues seront partagées par nos

confrères ; si nous nous abusons à ce point de nous croire dans le vrai, quand nous serions dans l'erreur ; du moins, obéissant à un sentiment dont le seul mobile est l'intérêt public, nous respectons les opinions de tous, et déclarons être prêt à faire abandon de nos idées, quand, par de bonnes raisons, émanées de la majorité, il sera démontré qu'elles sont fausses.

I.

De même que celle de la plupart des principales dispositions du contrat de vente, c'est aux lois romaines que remonte l'origine de l'action redhibitoire. Il serait oiseux de rechercher comment ce principe fut inculqué dans les mœurs de notre société, comment il s'est transmis de siècle en siècle, par la force des usages, jusqu'à la promulgation du Code civil.

L'article 1641 de ce Code est conçu en termes tellement précis, que tout vice caché de la chose vendue semblait devoir entraîner la redhibition. C'est en ce sens qu'il était interprété et appliqué sur quelques points de la France, notamment à Paris.

Mais presque partout il avait purement et simplement consacré le principe sur lequel reposaient les anciens usages, auxquels il n'avait apporté aucune modification.

Peut-être cette dernière interprétation était-elle mieux en rapport avec l'intention du législateur ; car M. Troplong dit : « S'il s'est servi (le législateur) d'expression aussi

» générales dans l'article 1641, ce n'est pas pour embrasser tous les cas où l'acheteur se plaint des vices cachés, » mais pour comprendre tous les défauts regardés par » les divers usages et réglements locaux, comme redhibitoires. Il faut même dire qu'en général, et à moins » de circonstances particulières, il n'est pas permis d'avoir » égard à d'autres cas redhibitoires qu'à ceux que ces coutumes ou ces réglements ont prévus. »

D'un autre côté, l'article 1648, relatif au délai de la garantie, n'apportait non plus aucune modification à l'ancien état de choses : ce délai demeurait subordonné à la nature du vice et à l'usage du lieu.

Or, rien n'était variable comme les vices rédhibitoires de telle ou telle contrée, ainsi que la durée de la garantie appliquée à chacun d'eux.

Par toutes ces causes, il n'était pas rare de voir un vice proclamé rédhibitoire dans un département et repoussé dans un limitrophe. Des tribunaux d'un même département ont quelquefois offert l'exemple d'une semblable opposition.

On comprend dès-lors les inconvénients d'une telle jurisprudence et les scandales qui en devaient résulter. Ils se traduisirent en plaintes nombreuses, suivies bientôt de la loi du 20 mai 1838, qui fut accueillie comme un bienfait par la plupart des publicistes, en tête desquels il est juste de placer ses propres parrains.

Cette loi, tout le monde la connaît : elle a pour base la désignation des vices, qui sont les mêmes pour toute la France, et établit une semblable uniformité pour le délai de la garantie, fixé à neuf jours pour l'un et à trente pour l'autre ordre de vices.

II.

L'action redhibitoire peut s'exercer aussi bien dans les ventes d'immeubles que dans les ventes de meubles, disent les jurisconsultes. C'est une question hors de notre compétence; mais nous nous sommes permis quelquefois de demander un exemple de l'application de l'article 1641, en dehors du commerce des animaux. Notre curiosité n'a encore pu être satisfaite. Nous pourrions conclure de là qu'une loi qui ne trouve son application que tous les cent ans n'est pas assurément une loi fort utile.

Si le grand législateur qui dota la France d'un monument impérissable, entendit que l'article 1641 ne devait que consacrer les anciens usages, nous sommes bien en droit de demander quels sont ceux qui établissent tel ou tel vice sur telle ou telle chose, autre que les animaux.

Certes, le trafic d'objets manufacturés et de marchandises diverses, donne souvent lieu à des procès, mais jamais pour vices rédhibitoires. Du moment qu'une marchandise est achetée, c'est à l'acquéreur d'en surveiller la livraison, pour s'assurer si elle remplit les clauses de la convention. Quand elle est en sa possession, elle ne peut donner lieu à une action rédhibitoire, quelle que soit sa mauvaise qualité. Il est aisé de comprendre qu'il n'en doive être autrement, et que la possibilité d'une substitution entrainerait souvent les plus graves abus, par l'extrême difficulté de constater l'identité.

Lorsqu'on commande un objet, machine, voiture, habit ou autre, on établit, par convention, qu'il sera en bonne matière et bien confectionné. C'est en vertu de cette convention, et non de l'article 1641, que le fabricant fait à son compte, pendant un certain délai, les réparations nécessitées par le mauvais choix des matières ou par une confection vicieuse.

Mais achetez donc à un marchand de bric-à-brac tel objet que voudrez, et essayez de lui réclamer le lendemain la même garantie que vous exigez d'un maquignon.

S'il en était ainsi, que deviendraient les négociants en drap faux-teint *.

III.

Si l'applicatioe de la redhibition est nulle ou rare dans le commerce de toutes choses, il n'en est pas de même pour les animaux, qui sont l'objet de procès nombreux et très-coûteux. Il serait curieux et fort utile de mettre en regard de la dépréciation occasionnée aux animaux par les

* Cependant la cause de la mauvaise qualité de la plupart des choses est le plus souvent le fait de la volonté de l'homme; tandis que l'éleveur doit supporter les mêmes frais de nourriture et d'entretien chez l'animal atteint de vices et chez celui qui en est exempt : ces vices, dont la vraie origine est souvent méconnue, sont toujours indépendants de sa volonté. En outre, les marchandises et objets divers ne se grèveraient, pendant la contestation, que de frais insignifiants de magasinage. Les animaux, au contraire, dont l'entretien est si dispendieux, se mangent en fourrière, où, du reste, dans la plupart des cas, ils sont si mal nourris et si mal soignés, qu'ils en sortent dans un état pitoyable, quand leur séjour s'y est prolongé.

vices redhibitoires, les frais de procédure et autres que ces mêmes vices ont provoqués. Cependant il est des personnes qui se plaignent que certains vices n'aient pas été compris dans la loi qui nous occupe. Ecoutons à cet égard M. Troplong : « Les Romains, dit-il, avaient un nombre » considérable de vices redhibitoires sur les esclaves et les » animaux. Ils appliquaient avec une grande sévérité cette » idée que le vendeur doit déclarer tous les vices de la » chose, pour que l'achat se fasse en sûreté.

» Les mœurs modernes sont moins difficiles ; elles » n'exigent pas autant de franchise. Les coutumes ont » beaucoup restreint le nombre des cas redhibitoires, soit » en France, soit en Europe. De là il est résulté que » l'achat de certains bestiaux est devenu une chose assez » aléatoire, et qu'on y est souvent trompé. Le commerce » des chevaux surtout n'est que l'art du mensonge et de » la fraude mis en pratique, et les personnes de divers » états qui s'en mêlent, n'ont aucune honte de rivaliser » avec les maquignons de profession pour induire en » erreur l'acheteur moins rusé qu'elles. C'est ce qui fait » qu'on s'étonne quelquefois que le Code civil, qui a si » souvent dépassé les lois romaines en équité, se soit » montré inférieur à elles sur la matière qui nous occupe, » et n'ait pas assuré à la bonne foi la place qu'elle tient » partout ailleurs dans un degré si éminent.

» Il ne faut cependant pas se hâter de le condamner sur » les apparences, et peut-être que cette police des Romains » qui nous paraît si belle dans la théorie, n'était pas » exempte d'inconvénients dans la pratique. Le commerce » des bestiaux est, en France, une source de richesses

» à laquelle on ne doit pas créer des obstacles. Si on sus-
» citait à celui qui spécule sur cette branche d'industrie
» des difficultés trop minutieuses, si on le traitait avec
» trop de sévérité pour des vices que souvent il peut n'avoir
» pas connus, surtout lorsqu'il opère en grand; ces chi-
» canes nuiraient au développement de l'agriculture et du
» commerce et paralyseraient leur brillant essor, pour les
» ramener peut-être à cet état de langueur dont les Ro-
» mains ne surent jamais les faire sortir. En compensation,
» nous aurions quelques procès de plus, et des acheteurs
» ruinés en frais, au lieu d'être trompés par des maqui-
» gnons. »

Qu'ajouter à ces paroles du plus grand jurisconsulte de notre époque, pour justifier la limitation des vices?

IV.

Cependant, est-il équitable de voir figurer dans la loi certains vices à l'exclusion d'autres assurément fort graves?

1° Pourquoi l'oubli de la méchanceté, de la rétivité, de l'habitude de ruer à la voiture, de s'emporter, d'avoir peur de tous les objets, défauts aussi difficiles à constater que ceux qui sont redhibitoires ?

A. Par méchanceté, nous n'entendons pas faire allusion à ces chevaux féroces qui se jettent sur l'homme comme un tigre sur sa proie, ni aux jeunes sujets élevés quasi à l'état sauvage et encore inhabitués au contact de l'homme;

mais bien à ceux qui, connaissant leur conducteur, se laissent le plus souvent manier par lui, étant susceptibles cependant de lui donner un coup de dent ou un coup de pied, et sont surtout dangereux pour les personnes qu'ils ne connaissent pas, lesquelles, quand elles ne sont pas prévenues, s'exposent à des accidents. Supposez un tel cheval tombant entre les mains de certains hommes peu habitués, et le faisant soigner par leur jardinier ou leur vachère : ne vaudrait-il pas cent fois mieux qu'il fût poussif ou tiqueur?

B. La rétivité, diront les écuyers, n'est pas un vice inhérent au cheval : pour eux, il n'est pas de chevaux rétifs. Mais comme il n'en est pas de même pour le commun des hommes, il y aura probablement des chevaux rétifs jusqu'à ce que tous les Français soient à la hauteur des écuyers.

C. Quoi de plus grave que le vice de ruer à la voiture, surtout quand il ne se produit que par intervalles et qu'il vous surprend au dépourvu? Nous sommes sa victime; il a failli nous coûter la vie quand nous nous croyions en la plus parfaite sécurité. Il n'y a d'autre parti à tirer de l'animal qui le présente, que de l'utiliser à la selle, quand il y est propre, ou de le reléguer à la diligence : voilà une lucrative perspective!...

D. L'action de s'emporter est encore peut-être ce qu'il y a de plus à redouter. Nous reconnaissons que la plupart des accidents qui en proviennent ne tiennent pas à un défaut radical du cheval; que l'imprudence, la négligence ou l'inexpérience du conducteur en sont la principale cause. Mais il faudrait n'avoir aucune habitude des chevaux pour contester que ce défaut ne soit incorrigible chez quelques-uns.

E. Quoi de plus dangereux, mais surtout de plus agaçant, que le cheval qui, s'effrayant alternativement de ce qu'il voit à droite et à gauche, décrit constamment une ligne en zig-zag, sur la route qu'il parcourt, et est toujours prêt à faire un écart dangereux à l'approche de certains objets, si le cavalier n'a sans cesse l'éveil pour le maintenir puissamment sur la bonne ligne? Ce vice est encore bien plus grave à la voiture, et cause de fréquents et de déplorables accidents. Il est souvent inhérent au jeune âge, et se corrige en familiarisant le sujet avec les objets. Quand, malgré l'éducation, ce défaut est incorrigible, soit par conformation vicieuse des yeux ou d'autres causes que nous n'avons pas à examiner ici, que faire de l'animal ?

2° La loi nous parait avoir été souverainement partiale encore, en admettant comme rédhibitoires diverses maladies d'organes très-importants et repoussant celles d'autres organes aussi indispensables à la vie. Comment veut-on qu'un acquéreur puisse constater mieux qu'il ne le fait pour les vices admis, la présence d'un calcul dans le rein, dans les intestins; reconnaitre une ancienne affection du foie, de l'estomac, certains phénomènes cérébraux, des tumeurs enkystées dans l'abdomen, etc., etc.? Cependant toutes ces maladies sont aussi fréquentes et aussi graves que la plupart des vices rédhibitoires.

3° Pourquoi ne considérerait-on pas comme ayant un vice caché au suprême degré, ces chevaux qui, sous l'influence des incitations des champs de foire, paraissent remplis de vigueur, tandis qu'attelés ou montés, ils buttent à chaque pas, sont insensibles au coup de fouet ou à l'éperon, et ne peuvent bientôt plus se traîner. En dehors de leur utilisation pour le roulage ou les travaux agricoles, ils ne seraient bons qu'à être livrés à l'équarrissage, à moins de trouver à les placer pour conduire à la messe de chaque dimanche quelque grand'mère habitant un demi-manoir.

Les chevaux méchants, rétifs, rueurs, s'emportant, ombrageux et rosses, rosses surtout, voilà les chevaux que les acheteurs doivent le plus redouter. Quant à nous, nous n'hésitons pas à déclarer que nous sommes prêt, dans les nombreux achats que nous opérons, à faire abandon de nos droits pour tous les vices rédhibitoires contre la garantie de ces derniers défauts.

Mais, nous dira-t-on, voilà une série de vices assez graves pour trouver leur place dans l'article 1er de la loi du 20 mai 1838. Nous répondrons que ces vices, malgré leur gravité, deviendraient, s'ils étaient rédhibitoires, la source d'une infinité d'embarras pour tout le monde. En effet, les inconvénients des vices rédhibitoires actuels seraient encore plus préjudiciables chez ceux que nous venons de passer en revue. Dieu nous garde d'ailleurs d'inspirer une telle idée! Nous espérons avoir bientôt prouvé que les cas rédhibitoires sont une telle source de frais, de tracas et de fraudes, qu'ils atteindraient les proportions d'une calamité publique, si cette adjonction pouvait être réalisée; car, avec ce système, il n'y aurait presque pas de ventes qui ne fussent suivies d'une action en rédhibition.

V.

Pour se rendre un compte exact des effets de la loi concernant les vices redhibitoires, il est indispensable de comprendre les rouages divers du commerce des chevaux.

Nous ne rapporterons pas ici, ce serait superflu, la spécialité de chaque contrée pour l'élevage de cette précieuse espèce. Il nous suffira de savoir que dès l'âge de six mois, mais surtout à deux ans, les produits sont l'objet d'un trafic considérable entre les éleveurs, soit directement, soit par l'intermédiaire des marchands; qu'à l'âge de quatre ans, l'élève passe dans le domaine de la consommation le plus souvent par le canal de la spéculation, et que de cet âge à la fin de sa carrière, il change très-souvent de propriétaire et de destination.

Ainsi, vente du producteur à l'éleveur, de l'éleveur au consommateur, d'un consommateur à l'autre, directement ou par l'intermédiaire de courtiers, de commissionnaires, de spéculateurs, tel est le mécanisme d'un commerce qui s'applique au plus noble produit du sol, et qui est cependant le plus conspué de tous les trafics présents et passés, après bien entendu ceux qui blessent la morale.

Le producteur qui n'est pas placé dans des conditions avantageuses d'élevage et qui, en conséquence, vend son produit à un ou à deux ans, est sans contredit le plus heureux, eu égard aux vices rédhibitoires. Il vend ses animaux d'après leur conformation, car leurs moyens ne peuvent guère être appréciés. A cet âge, à part la fluxion périodique, elle-même fort rare, il n'y a pas de vices rédhibitoires. Aussi n'en sera-t-il plus question dans notre travail.

VI.

Pour l'intelligence de ce que nous avons à en dire, nous partagerons les chevaux en deux grandes divisions : la première comprenant les animaux d'une valeur de plus de 400 fr.; la seconde, dans laquelle entreront tous ceux d'une valeur au-dessous.

CHEVAUX D'UNE VALEUR AU-DESSUS DE 400 FR.

Avant d'aller plus loin, disons ici que l'intérêt particulier des marchands doit être mis à l'écart, que nous ne nous déclarons ni leur avocat, ni leur accusateur ; car nous avons tout lieu de croire que ce n'est pas d'eux qu'émanent les plaintes sur la législation des vices rédhibitoires et que ce n'est pas précisément pour les favoriser qu'il a été fait une loi et qu'elle semble aujourd'hui devoir être modifiée.

Ainsi donc n'envisageons que les intérêts des éleveurs et des consommateurs, auxquels les marchands, quoi qu'on en dise, sont si utiles dans la plupart des cas.

Etudions la voie que parcourt le cheval sorti des mains de l'éleveur, les vices rédhibitoires dont il peut être atteint dans ses différentes stations, et les facilités qu'a l'acquéreur de les constater par l'inspection, par lui-même ou aidé d'un homme entendu, au moment de l'achat.

A. L'éleveur vend son jeune cheval directement au consommateur dans son domicile. Le cas est rare et ne s'observe guère que lorsque l'attention d'un amateur a été attirée sur un cheval par quelqu'un qui le connait. Voilà déjà un renseignement. Si l'animal est au pacage, il peut le faire rentrer à l'écurie, pour l'observer attentivement. Dans ce cas, il n'a pas à craindre la pousse, ou ce serait bien extraordinaire, ni l'immobilité, ni le farcin, ni la morve, ni l'épilepsie. Restent donc la fluxion périodique, le cornage, le tic, la hernie intermittente, peut-être une ancienne maladie de poitrine et la boiterie intermittente. Mais est-il difficile de voir l'état des yeux, de faire courir le cheval, pour s'assurer du cornage; de constater son état général, pour éloigner toute pensée de maladie de poitrine bien manifeste; d'explorer avec soin les jarrets, qui, à cet âge, sont presque le seul siége de boiteries graves; de placer l'animal dans un lieu tranquille, attaché à la mangeoire, où on le surveille pendant le repos et l'action de manger l'avoine, afin de s'éclairer sur le tic?

Ou bien un de ces vices est grave et ne pourra certainement échapper à un œil à demi-exercé, ou il n'est encore qu'à l'état rudimentaire, et il pourra néanmoins être soupçonné, circonstance qui éveillera l'attention pour un examen plus approfondi, ou l'exigence d'une garantie particulière et précise.

Que reste-t-il? La possibilité de l'apparition de la hernie, du reste extrêment rare, et celle d'un accès de fluxion

périodique des yeux, qui, quinze fois sur vingt, ne se déclarera qu'après trente jours, ainsi que nous le verrons plus loin.

B. C'est sur un champ de foire que le consommateur est en rapport avec l'éleveur. Il faut reconnaître qu'ici le premier est placé dans de moins bonnes conditions; que le mouvement qui anime les chevaux, la foule qui les presse de toutes parts, rendent leur examen plus difficile. Mais le consommateur n'a en général qu'une emplète restreinte à faire; il peut prendre son temps pour fixer son choix, et obtenir du vendeur qu'il conduise son animal à l'écart pour le considérer plus à l'aise. S'il s'y refuse, c'est qu'il aura des raisons pour cela, et l'acheteur devra porter ses vues ailleurs. Si, au contraire, il y consent, l'animal pourra être examiné comme à la ferme, pour tous les vices, moins la boiterie à froid et le tic; mais il faut remarquer que ce dernier est extrêmement rare sans usure des dents, et qu'il est plus de gens qu'on ne croit, même parmi les éleveurs, tentés de la produire, quand elle n'existe pas naturellement.

C. Mais le jeune élève est déjà entre les mains du marchand : c'est dans son établissement ou sur le champ de foire qu'il l'expose en vente. Bien que certains éleveurs, en Normandie notamment, ne le cèdent guère aux marchands les plus rusés, nous voulons bien admettre qu'ici la position de l'acheteur est plus délicate; qu'il devra s'armer de la plus grande prudence, de la plus grande attention, de la plus grande défiance si l'on veut, puisque tel est le sentiment général, souvent vrai, mais souvent aussi souverainement injuste et blessant. Mais enfin, ce commerçant, quelque moyen qu'il emploie pour détourner les regards de l'acquéreur des points vulnérables de sa marchandise, ne lui bouchera pas les yeux; il pourra encore moins enlever à l'animal la trace du vice dont il est atteint.

Dans la plupart des circonstances, à la foire comme chez lui, il consent à un essai de l'animal, essai pendant lequel on peut l'envisager sous toutes ses faces.

En outre, quand le marché a lieu à son domicile, l'acquéreur voit et revoit le cheval dans diverses positions; il l'essaie de toutes manières, et est certainement à même de se convaincre s'il a un des vices bien confirmé, ou bien s'il y a lieu seulement de l'en soupçonner atteint. Mais, en vérité, ceux qui ont les habitudes de ces sortes d'affaires, sont convaincus que ce ne sont pas les vices redhibitoires qui font courir à l'acquéreur les plus grands dangers.

D. Quant aux chevaux qui ont déjà été utilisés, soit au service du luxe, soit pour une entreprise industrielle, et dont l'âge peut varier de cinq ans à la limite la plus extrême, ils doivent, nous l'avouons, inspirer plus de défiances sous le rapport des vices redhibitoires : l'épilepsie, la morve, le farcin, l'immobilité, la pousse, viennent augmenter le nombre de ceux qui, seuls, attaquent généralement les jeunes chevaux. Mais les quatre derniers ne sont pas assurément plus difficiles à constater au moment de l'achat que ceux dont il a été question dans le paragraphe précédent, à moins qu'ils ne soient encore à l'état d'incubation, pour la morve et le farcin, ainsi que cela sera expliqué plus loin, quand nous nous occuperons de chaque vice en particulier.

Ici se rencontre une catégorie de consommateurs que

nous pourrions appeler les consommateurs aristocrates, ou bénéficiaires. En effet, en dehors des circonstances inhérentes au commerce, aux habitudes des familles, aux changements que les événements produisent dans leur situation, il n'y a à se défaire d'un cheval, quand il doit être remplacé, que ceux qui ont à s'en plaindre, soit par d'excellentes raisons, soit par pur caprice; et ceux qui l'ayant acheté à l'âge de quatre ans, pour le ménager jusqu'à six, profitent de sa plus-value, devenue pour eux bénéfice net, puisque le service qu'ils en ont retiré rémunère et au-delà les frais de nourriture et d'entretien. Pour ces derniers, ce que la loi leur donne d'une main, elle le leur retire de l'autre.

Les chevaux de cet ordre ne se trouvent jamais réunis en notable quantité dans les grandes foires, attendu que ces dernières ne se tiennent guère que dans les contrées de grande production, et que dans ces contrées les chevaux qui nous occupent ne forment que la moindre proportion de la population chevaline.

Éparpillés sur tous les points de l'Empire, en nombre proportionnellement plus considérable dans les centres de population, ils sont vendus directement de propriétaire à propriétaire, ou par l'intermédiaire des marchands, soit à leur domicile respectif, soit dans les foires borgnes qui se tiennent dans chaque localité.

On se rend compte dès-lors qu'il soit plus facile de s'assurer des qualités de ces animaux, dans ces circonstances, que lorsqu'on se trouve au milieu du bruyant tourbillon des foires de premier ordre.

Les grandes foires, dans les pays de production, attirent les marchands des lieux les plus éloignés, tandis que les consommateurs du voisinage peuvent seuls leur faire concurrence.

Il résulte de ce qui précède que les sujets des principales contrées d'élevage sont conduits au loin, par des marchands; tandis que les consommateurs qui, en faible proportion, ont concouru à ces achats, ne leur font pas quitter le pays.

Cette considération, qui s'appuie sur des faits incontestables, doit rester dans l'esprit du lecteur, car plus loin elle recevra son application.

CHEVAUX D'UNE VALEUR AU-DESSOUS DE 400 FRANCS.

Les chevaux d'une valeur au-dessous de 400 fr. comprennent deux catégories d'animaux bien distinctes : dans la première sont renfermés les petits chevaux de la petite culture ; dans l'autre, les chevaux usés, tarés, ou très-vieux, qui ont appartenu jadis à la première division.

Le petit cheval de campagne, comme on l'appelle, ne reçoit aucun soin. Nourri, dès son jeune âge, de ce qu'il trouve dans les plus arides pâturages, il est le plus souvent maigre durant sa croissance, qu'un travail précoce, toujours au-delà de ses forces, contribue encore à enrayer. Aussi la plupart de ces animaux ont-ils une vicieuse conformation, mais compensée par une rusticité et une vigueur souvent étonnantes. Fréquemment ils changent de maître et sont conduits loin du lieu de la vente, par des marchands que nous allons apprécier dans leurs allures et leur moralité.

Ces commerçants sont en général petits cultivateurs, marchands de vaches et ouvriers, s'accrochant tour à tour à la partie qui, en raison des circonstances du moment, semble devoir leur procurer le meilleur lucre. Cependant il en est qui font exclusivement et d'une manière continue le commerce des chevaux, mais sur une petite échelle; car la pauvre marchandise de cette sorte de négociants doit le plus souvent recueillir la meilleure part de sa nourriture sur les terrains communs ou les champs du voisinage.

C'est parmi ces derniers surtout qu'on rencontre ces êtres carottiers, rusés, menteurs éhontés, fraudeurs, quand ils ne sont pas escrocs ou filous.

Parmi les trafiquants de grands chevaux tarés, usés par l'âge et la fatigue, il en est malheureusement trop auxquels ce tableau est applicable, et qui n'ont de différence avec les premiers que l'habit et la résidence.

VII.

Passons en revue chacun des vices, recherchant la possibilité de le constater au moment de l'achat, la fréquence avec laquelle il se remarque chez les sujets, le préjudice qu'il leur porte, et les fraudes dont il est l'objet de la part de certains intermédiaires, dans le commerce des chevaux.

A. La fluxion périodique des yeux se présente par accès variables par leur intensité, leur durée, l'intervalle qui les sépare et les traces qu'ils laissent dans l'organe.

Il est des accès tellement légers que l'observateur le plus exercé est souvent fort embarrassé pour les distinguer d'une ophtalmie simple. D'un autre côté, il est certaines affections générales, dont nous n'avons pas à rechercher la nature ici, qui développent des phénomènes morbides dans le globe de l'œil, ressemblant à s'y méprendre aux symptômes de la fluxion. A cet égard, nous pourrions citer une bande de neuf chevaux, venant de Bretagne, que leur conducteur arrêta à une étape, après avoir fait constater qu'ils avaient tous la fluxion périodique; tandis que ces animaux avaient simplement la maladie vulgairement connue sous le nom de *cocotte*. Ce fait, qui fit certain bruit dans le temps, ne contribua pas peu à déterminer les bas Bretons à prendre une mesure dont il sera question en son lieu.

Nous avons nous-même observé cette particularité, mais heureusement toujours en dehors des délais de la garantie: sans cela, nous déclarons bien sincèrement que nous aurions eu un grand embarras pour prendre une décision, dont nous eussions eu peut-être à nous repentir plus tard; car nous avons encore sous les yeux deux sujets que, dans un cas analogue, il y a trois ans, nous avons crus fluxionnaires, tandis que, depuis, leurs yeux n'ont offert aucun signe de maladie.

En général, la durée de l'accès est en raison de son intensité, de même que les traces qui subsistent après lui.

Supposons, ce qui arrive assurément, que l'acquéreur

présente un cheval ayant un accès très-léger, ou qu'étant plus grave, il ne le fasse constater que vers son déclin. Évidemment, quand le vendeur est au loin et qu'il n'a pu arriver que quelques jours après, il trouve son cheval ayant souvent les yeux aussi beaux qu'à la suite d'une ophtalmie ordinaire. On croit aisément ce que l'on désire : l'acquéreur veut aller plus loin. Si l'opinion exprimée par le premier expert paraît contestable aux magistrats, ils en commettent de nouveaux, lesquels, en l'absence de toute trace du passage d'un accès ou d'altérations leur permettant d'affirmer la maladie, demandent un délai. Mais quel est le délai nécessaire pour l'apparition d'un nouvel accès? C'est ici que commence le plus grand embarras : en effet, rien d'inconstant comme l'époque du retour d'un accès. Si ce dernier peut paraître dans le délai de trente jours, il peut aussi se faire attendre six mois et plus. Qu'on ne croie pas que la science ait des données certaines pour prévoir quand cette intermittence sera de longue ou de courte durée : à cet égard, il faut en faire l'aveu, elle n'est guère plus avancée que le savoir du commun des hommes.

Dans trois mémoires couronnés en 1847 par la Société impériale et centrale de médecine vétérinaire, M. Mariot-Didieux, qui a fait ses observations dans le bassin de la Meuse; M. Hamon, qui a recueilli les siennes en Bretagne, et M. Dard, dans la Haute-Saône, ont établi la moyene, le premier, à vingt-neuf jours vingt-une heures; le deuxième, à quatre mois, et le troisième, de quarante à soixante jours.

Nos observations particulières concordent parfaitement avec celles de M. Hamon, d'où il est possible de déduire que, jusqu'à plus ample informé, cette durée est variable pour chaque contrée.

Notre opinion, établie sur des faits observés depuis de longues années, se fortifie chaque jour de faits nouveaux. Mais nous revenons à la question : quel délai demanderont les experts? S'ils demandent un mois en Bretagne, ils ne laisseront qu'une chance sur trois à l'acquéreur; s'ils en demandent quatre, ils ne seront pas surs de le favoriser; et s'ils en demandent six, huit, il n'y a pas encore certitude complète qu'ils pourront constater un accès. — Conçoit-on, nous le demandons, un procès qui repose sur de telles bases? La loi qui l'engendre est-elle une bonne loi?...

Cet éloignement des accès met le possesseur d'un animal fluxionnaire à même de se soustraire à la loi, dans la plupart des circonstances, en choisissant pour la vente l'époque la plus rapprochée possible du dernier accès.

Aussi observe-t-on cette maladie dix fois après l'expiration du délai, quand une dans ses limites.

Aussi les éleveurs, les propriétaires et les marchands se font-ils rarement scrupule de bénéficier de l'impuissance d'une loi dont l'expérience seule, à défaut d'une sage prévoyance de ses auteurs, devait démontrer la plus déplorable justice distributive.

Quant aux traces plus ou moins graves que les accès laissent après eux, lorsqu'ils ont existé chez le vendeur, et qui suffiraient à un expert pour affirmer la maladie, nous nous poserons la question de savoir si elles constituaient un vice caché au moment de la vente, et pourquoi l'acquéreur a négligé de les voir.

Croit-on qu'il soit plus aisé de s'assurer de l'usure des dents que de l'état de limpidité des humeurs de l'œil ?

Ainsi, pour atteindre tous les cas de fluxion périodique des yeux, il faudrait, non pas un délai de trente jours, mais bien un de plus de quatre mois.

Reste à savoir si les gens raisonnables n'admettraient pas que les causes de cette maladie, du reste très-mal connues, peuvent la produire dans un délai plus court.

B. L'épilepsie, ou mal caduc, nous la passons bien volontiers aux partisans de la loi. Qu'ils en fassent tout leur profit; nous ne nous en plaindrons pas. Le jour où ils nous démontreront les services éminents qu'ils ont rendus dans cette circonstance, au lieu du *Requiem* que nous lui réservions, nous proposerons un sincère *Te Deum* en l'honneur de leur protégée.

C. La morve, c'est une autre affaire. Est-elle contagieuse? Il y en a qui disent oui; d'autres qui disent non; mais il en est aussi qui disent oui et non. Quant à nous, cela nous importe peu, pour le moment du moins ; car jusqu'à ce que l'arrêt du Conseil d'État du Roi, du 16 juillet 1784, ait été condamné et exécuté, comme coupable d'hérésie, nous resterons, comme le gendarme, à cheval sur la consigne : nous dirons que toutes les fois qu'un cheval aura été réputé suspect de morve au moment de la vente, nous porterons une plainte contre le délinquant, pour qu'il soit poursuivi, conformément à l'arrêt précité ou à l'art. 459 du Code pénal. Nous avouons avoir vu perdre une partie à ce jeu-là; mais une fois n'est pas coutume.

Si le mal se déclare après la livraison, dans le délai de la garantie, et que l'acheteur ne puisse prouver au vendeur qu'il avait tenu l'animal en contact avec des chevaux morveux avant la vente; oh! alors, nous répandrons une larme bien sincère sur le tombeau de la loi; mais nous nous consolerons bientôt, car la récidive sera rare *!

D. Le farcin, cousin germain de la morve, pour ne pas dire son frère jumeau, permet qu'on lui applique tout ce que nous venons de dire de sa parenté, quant à la législation.

E. Maladies anciennes de poitrine ou vieilles courbatures : telle est l'expression consacrée par la loi pour désigner les affections anciennes des poumons et des plèvres. Evidemment le législateur a été conduit à admettre ce vice, par cette considération que son existence peut coïncider avec les

* Cette maladie nous présente une singulière anomalie dans l'application qui lui est faite de la loi. En effet, l'article 459 du Code pénal punit de l'amende et de l'emprisonnement quiconque possédant un cheval *suspect*, *soupçonné de morve*, n'en a pas fait la déclaration à l'autorité et n'a même pas tenu l'animal enfermé, avant d'avoir reçu l'accusé de réception de sa déclaration. La loi du 20 mai 1838, au contraire, ne parle nullement d'une suspicion de morve comme d'un vice rédhibitoire; de sorte que ce qui peut être l'objet de poursuites par M. le procureur impérial et encourir l'amende et la prison, ne suffit pas à un acquéreur pour rendre un animal, acheté même de la veille. Dans le cas, au contraire, de l'existence d'une morve confirmée, a-t-on réfléchi, quand on a fait la loi, que personne n'ayant le droit de vendre un cheval atteint de ce vice, il était superflu de comprendre la morve parmi les cas rédhibitoires? Nous savons très-bien qu'on nous répondra que cela a été fait dans le but d'atteindre le vendeur dont le cheval, sain le jour de la livraison, deviendrait morveux dans le courant du délai de la garantie, et celui auquel on ne parviendrait pas à prouver que son cheval était suspect ou morveux au moment du marché. Mais il aurait au moins fallu le dire. Cela aurait évité des malentendus et de fausses interprétations. En effet, nous possédons un jugement rendu correctionnellement, qui a débouté un acquéreur offrant de prouver l'existence de la morve au moment de l'achat, parce qu'il n'avait intenté son action qu'après l'expiration du délai et qu'il devait encourir les conséquences de sa négligence à n'avoir pas usé de la loi du 20 mai 1838.

apparences de la santé et que des acquéreurs peuvent s'y tromper. Nous ne nions pas qu'il n'en soit ainsi dans certains cas; nous dirons mieux: c'est qu'il y a des circonstances où les hommes de l'art eux-mêmes doivent hésiter et hésitent en effet à affirmer, sur la foi du serment, que les poumons ou les plèvres sont le siége d'une maladie ancienne, bien qu'à cet égard leur conscience médicale soit assez bien fixée pour l'application d'un traitement approprié. La mission de l'expert est en effet une chose toujours fort délicate: elle impose à celui qui est revêtu de ce caractère le devoir de n'affirmer que ce dont il ne lui est pas permis de douter. Or, quels que soient les progrès de la science et les lumières de ceux qui l'appliquent à la connaissance des maladies, croit-on qu'il soit facile de déterminer à quels caractères positifs on devra rapporter l'ancienneté du mal, et en outre qu'il sera toujours possible de pronostiquer sa curabilité ou son incurabilité? Quels sont, nous le demandons, les cliniciens, dont le tact, bien qu'habile à saisir ces nuances pour eux-mêmes, parviendra à les traduire par des expressions propres et d'une application sure par le commun des praticiens?

Qu'on considère le préjudice que peut éprouver la réputation de capacité et de probité d'un expert qui, ayant constaté l'existence d'une vieille courbature, serait convaincu, quelques semaines après, de la résolution complète de la maladie. Il est évident que le législateur n'a pas prétendu admettre, au nombre de vices rédhibitoires, une affection curable en quelques jours, même en quelques semaines.

Ces objections, on le comprend, ne sont applicables que

dans le cas d'une altération peu grave. En effet, lorsque le mal a fait de tels progrès que la percussion et l'auscultation parviennent non-seulement à localiser ses ravages, mais encore à spécifier les caractères de ses lésions, la physionomie et l'habitude de l'animal ont un cachet propre de tristesse et de souffrance qui frappe l'œil le moins exercé.

Ainsi la maladie n'est pas encore très-grave; elle est inappréciable pour le commun des acheteurs; l'homme de l'art lui-même, tout en la constatant au point du vue médical, ne peut pas porter un jugement certain, à l'abri de tout doute, sur son ancienneté, sa curabilité ou son incurabilité; en d'autres termes, il ne peut pas affirmer un vice rédhibitoire.

Ou bien la maladie est ancienne; elle est grave, elle a déjà fait de profonds ravages dans les organes de la respiration, elle est facile à reconnaître par l'homme de l'art; mais un acquéreur même n'a pu se tromper sur l'état maladif du sujet.

Nous admettons volontiers qu'il existe entre ces degrés extrêmes des nuances intermédiaires, constituant quelques cas où l'expert pourrait déterminer des lésions caractéristiques d'un vice redhibitoire, sans que ce dernier se fut traduit à l'acquéreur par l'apparence maladive de l'animal.

Ces faits exceptionnels eux-mêmes n'ont pas trouvé grâce près d'un auteur fort estimé, M. Mignon, qui a cherché à conjurer les difficultés qu'ont les experts dans l'examen de vieilles courbatures, par l'expédient que voici :

Les vieilles courbatures légères n'ayant aucun signe certain qui permette de les distinguer, il n'y a que celles d'une certaine gravité qui, pouvant être reconnues pendant la vie, entraîneront la redhibition. Mais ces dernières s'accompagnent toujours d'une altération du flanc, qui n'est autre chose que la pousse.

Il ajoute que parmi les symptômes qui signalent cette maladie, l'altération du flanc est le signe le plus constant, le plus visible.

« Les vieilles courbatures se traduisent donc par la pousse, et alors, pour constater celle-là, il suffit de prouver celle-ci. »

M. Mignon, malgré cette coïncidence constante, trouve bon que la loi ait spécialement désigné cette maladie, au lieu de l'avoir confondue avec la pousse. Il se base sur cette considération, que cette dernière peut exister sans l'une de ses causes : les vieilles courbatures ; et qu'en cas de mort, celles-ci peuvent se reconnaître dans le cadavre, tandis que la pousse n'est visible que dans l'animal vivant.

Quant à nous, ces raisons ne nous démontrent pas la nécessité de cette distinction ; en effet, du moment que la courbature s'accompagne toujours de la pousse, comme il le dit, il suffit de trouver les lésions de la courbature dans le cadavre, pour prouver l'existence de la pousse du vivant de l'animal.

En somme, les maladies anciennes de poitrine, quand elles ont une certaine gravité, se trahissent à l'œil le moins exercé, par la physionomie de l'animal. Au contraire, quand elles sont à un degré peu avancé, les hommes de l'art eux-mêmes ont mille difficultés à les déterminer. Ces circonstances expliquent combien sont peu fréquentes les contestations pour ce vice, et le peu de préjudice qui résulterait à cet égard de la suppression de la loi.

F. L'immobilité — affection nerveuse, croit-on, — qu'à moins d'exceptions, on ne rencontre que sur les vieux chevaux, ou dans les chevaux adultes usés prématurément, est un vice réellement grave, qui peut échapper même à un œil exercé, au début, lorsqu'il est peu intense, et que le cheval est excité sur un champ de foire. Mais quand c'est chez un marchand ou un propriétaire qu'on examine l'animal, il est impossible, quelque léger que soit le vice, qu'il n'éveille pas les soupçons. Du reste, cette maladie est rare, et comme elle fait des progrès assez rapides, elle devient si manifeste qu'on ne peut s'y tromper longtemps.

G. La pousse, tel est le vice qui constitue les deux tiers, peut-être les trois quarts des cas redhibitoires. C'est elle surtout qui de toutes parts provoque un sentiment de réprobation contre la loi. Car si, d'un côté, elle est cause de chicanes nombreuses et de frais très-considérables; d'un autre, elle produit de profondes scissions parmi les experts dont, avec la meilleure bonne foi du monde, les uns voient dans le flanc ce que d'autres n'y voient pas.

C'est, en effet, dans le flanc qu'on est convenu de circonscrire le signe caractéristique de la pousse, lequel consiste dans une irrégularité du mouvement respiratoire de cette région

Historiquement, nous lui reconnaîtrons trois degrés :

Le premier, qui consiste dans une irrégularité qu'on peut remarquer dans un mouvement respiratoire sur dix, vingt, cinquante, cent, que savons-nous? Quand on y regarde de si près, à quoi bon s'arrêter à mi-chemin?

Mais notons que ce degré souvent n'est même pas le

commencement de la pousse. Dans la plupart des cas, c'est la manifestation d'un trouble général par suite d'un changement de climat, de régime, d'un travail excessif, d'une maladie récente et passagère..., enfin ce n'est rien pour ceux qui n'ont pas la prétention de demander aux fonctions la régularité d'un chronomètre.

Le deuxième est le premier degré de la pousse de la plupart des praticiens, qui n'en reconnaissent que deux : la pousse et la pousse outrée.

Ce degré lui-même est l'objet de dissidences entre les experts, parce que tous les cas de pousse ne se ressemblant pas, il en est dont le symptôme n'est pas toujours identique au type traditionnel. Aussi, que de procès, que de tracas, que de dépenses, que de temps perdu, que de discussions stériles, tout cela pour un défaut que le cheval a ou n'a pas, mais qui, en tout cas, ne l'empêche pas de faire un bon service. En effet, combien de fois avons-nous rassuré de nos clients, effrayés d'une toux de leur cheval, le matin, toux dont nous étions obligé de leur faire connaître l'origine. Leur inquiétude, malgré notre assurance, durait quelques mois ; mais bientôt ils se consolaient en voyant nos prévisions se réaliser relativement au service de l'animal.

Parmi les chevaux que nous avons procurés à nos clients, il n'en est pas un pour lequel nous ayions jamais reçu les compliments que nous a valus une jument poussive, et bien poussive, que nous fîmes acheter, il y a six ans, à un notaire des environs de Nantes. Il l'a possède toujours, et mieux, ne la croit pas poussive, quoique l'achetant pour telle, il ne l'ait payée qu'une minime somme.

Mais cette pousse, qui n'empêche pas le cheval de faire un excellent service, elle existe le jour de la vente aussi bien que le lendemain. Pourquoi l'acquéreur néglige-t-il de s'en assurer? Si c'est chez un marchand ou un propriétaire que le marché se conclut, quelles sont les conditions qui empêchent de constater une pousse confirmée? Si, au contraire, c'est sur un champ de foire, qui pourra faire croire qu'un cheval poussif n'inspirera pas tout au moins des doutes à un œil un peu exercé?

En basse Bretagne, ainsi que nous le verrons plus loin, tous les chevaux sont vendus sans garantie; mais malgré cela, jamais ou presque jamais les marchands ne sont dupes même de la pousse.

Quant à la pousse outrée, nous ne connaissons pas de vice plus apparent. Celui qui cherche à rendre un tel cheval, nous fait absolument le même effet que produirait sur nous l'acquéreur d'un cheval écourté qui, le lendemain, n'en voudrait plus, sous prétexte qu'il a la queue coupée.

Mais le cheval poussif outré est encore susceptible de supporter un travail fatiguant et durable. Si nous consignons ici cette réflexion, ce n'est pas autant pour atténuer les inconvénients de ce vice que nous reconnaissons incontestables, que pour corroborer l'opinion émise et prouvée plus haut, que la pousse moins avancée n'empêche pas certains chevaux de rendre les meilleurs services.

Ainsi donc la pousse est quelquefois une illusion de quelques esprits trop rigoristes, dont nous devons respecter la conscience, mais dont nous avons le droit de critiquer l'opinion. Dans ce cas, elle ne peut préjudicier au cheval, puisqu'elle n'existe pas. Que d'éleveurs en ont été dupes! Que de pertes irréparables et souverainement injustes!

Ou bien la pousse existe pour beaucoup, nous ajouterons pour la plupart; mais encore alors elle engendre souvent de nombreuses discussions et des scissions profondes et déplorables. De plus, elle peut être constatée ou du moins toujours soupçonnée au moment de la vente, ou, quand il en est autrement, elle est si légère que le cheval n'en éprouve aucun inconvénient au point de vue de son service.

Enfin elle est outrée, et, en ce cas, il n'y a qu'un aveugle à ne pas la voir, dans toutes les conditions où le cheval peut se trouver.

II. Le cornage chronique est un vice grave pour le cheval, déplaisant et insupportable pour le conducteur ou le cavalier. Nous comprenons que dans une foire, quand il existe sur un jeune cheval non monté, demi-sauvage, trottant mal à la main, inexpérience à laquelle le vendeur prête toujours assistance dans son propre intérêt, nous comprenons, disons-nous, que, dans ce cas, on puisse quelquefois se méprendre. Mais quand on achète un cheval dressé, quoi de plus simple que de lui faire faire un bon temps de trot ou de galop et de s'assurer des bruits de la respiration. Lorsque l'achat s'opère chez un marchand, chez un éleveur ou un propriétaire, nous ne savons pas lequel est le plus blâmable, du vendeur qui ne dénonce pas le vice, ou de l'acquéreur qui néglige une inspection aussi facile. Car, au siècle où nous vivons, chacun doit veiller à ses intérêts.

I. Le tic est un vice tenant le plus souvent à une altération du tissu ou des fonctions de l'estomac ou des intestins, qui occasionne quelquefois des coliques; mais est surtout agaçant pour le propriétaire qui fréquente son écurie.

Nous avons eu constamment sous notre surveillance immédiate, depuis quatorze ans, de vingt à quarante chevaux, parmi lesquels le tic s'est assez souvent déclaré; mais nous pouvons affirmer que jamais nous n'avons remarqué qu'il se soit transmis par imitation.

Il n'existe pas une fois sur vingt sans usure des dents, de sorte qu'en les examinant, on peut presque toujours le constater; mais si, comme cela arrive, le vendeur affirme que le tic n'existe pas, quoiqu'on remarque l'usure, il est prudent de lui réclamer une garantie en bonne forme.

Quand un vendeur possède un cheval tiqueur, dont les dents ne sont pas usées, il arrive qu'à l'aide d'un ciseau à froid, d'une lime, il produit l'usure qui est l'enseigne du vice. De même, il n'est pas impossible qu'un acquéreur use du moyen opposé, en rognant les dents, quand elles ne sont le siége que d'une légère usure.

En supposant que les experts constatent cette double fraude, qui en deviendra responsable? Si le cheval a changé plusieurs fois de main, depuis peu, allez donc découvrir le vrai coupable. Car il serait inique de rendre les parties solidaires et de les condamner sans preuves.

J. La hernie inguinale continue est peu commune, mais l'intermittente l'est encore bien moins. Aussi la gravité de ce vice, qui n'est pas toujours ce que certains la font, est-elle en partie annihilée par une extrême rareté.

K. La boiterie intermittente pour cause de vieux mal est, nous l'avouons, dans certains cas surtout, le vice qui quelquefois nous ferait regretter l'immolation de la loi. Cependant, encore ici, il y a le pour et le contre; quand la cause qui la produit est un éparvin, une jardon, une forme, un suros, une tumeur synoviale, un engorgement des tendons, une déformation du sabot, une émaciation des muscles, pourquoi ne pas lui appliquer la même restriction qu'au tic avec usure des dents? En vérité, il y a plus de dents usées qui ne s'accompagnent pas de tic, qu'il n'est de causes ci-dessus mentionnées exemptes de boiterie : nous ne dirons pas intermittentes, car l'intermittence elle-même est l'objet de controverses; attendu qu'il est rare qu'une boiterie à froid ou à chaud disparaisse complètement, dans la condition qui lui est opposée. Le plus souvent, en ce moment, l'allure conserve une certaine irrégularité, appréciable par un connaisseur, auquel on dirait l'existence de la boiterie, en lui demandant quel est le membre qui paraît faiblir. Certes, nous ne pensons pas qu'on doive éluder la loi par une telle subtilité; mais où s'arrêtera-t-elle, où finira la feinte, où commencera la boiterie? Quelle source de discussions!

Il est un ordre de boiteries à chaud ne se manifestant qu'après un parcours de quelques lieues, qui alors deviennent quelquefois si intenses, qu'on doit arrêter le cheval. Que ces boiteries proviennent d'une obturation des vaisseaux, d'une lésion nerveuse, ou de toute autre cause, ce qu'il importe le plus, c'est qu'elles existent. Heureusement elles sont rares, car elles n'entrent que pour une minime proportion dans les contestations qui peuvent s'élever. Une loi ne doit pas être faite pour des exceptions; d'ailleurs, les meilleures choses de ce monde ont toutes leur mauvais côté.

De l'examen rapide auquel nous venons de soumettre chacun des vices consignés dans la loi, il résulte que, pour les quatre à type intermittent, la fluxion, l'épilepsie, la hernie et la boiterie, le premier échappe, dans les trois quarts des cas, à l'action de la loi; le deuxième et le troisième sont extrêmement rares, et le quatrième est dû, le plus souvent, à une cause apparente, de nature à éveiller les soupçons.

Quant aux vices à type continu, nous avons démontré qu'avec un peu d'attention et d'habitude, il est facile de les constater au moment de l'achat; que parmi eux il en est, et des plus fréquents, qui ne portent qu'un médiocre préjudice à l'animal; enfin qu'au point de vue de l'interprétation littérale de l'article 1641 du Code civil, ces vices n'ont aucun des caractères définis par le législateur, à moins qu'on ne considère qu'ils soient à la période d'incubation, et qu'ils se développent pendant la durée de la garantie, ce qui n'est réellement pas admissible.

Que si on objecte que, parmi les acheteurs, il en est qui se reconnaissent trop inexpérimentés pour que l'abrogation de la loi ne leur porte le plus grave préjudice, nous leur appliquerons, ainsi que le rapporte M. Troplong, « l'arrêt » suivant de la cour de Paris, qui juge qu'un acheteur de » tableaux ne peut demander que la vente soit déclarée » nulle, parce que les tableaux ne sont pas des peintres » dont ils portent les noms. En effet, en envisageant la » question sous le point de vue redhibitoire qui seul doit » nous occuper ici, la qualité plus ou moins précieuse que » donnent à un tableau le nom et le talent du maître, » dont il est l'ouvrage, n'est pas une qualité occulte; les

» connaisseurs savent reconnaître si le tableau en est in-» vesti; ils distinguent la touche du peintre; ils ont des » données positives pour classer les diverses écoles; l'ache-» teur en s'environnant de leurs lumières a donc pu se » préserver de toute erreur sur le mérite de la chose. »

Nous prévoyons l'objection : vous êtes orfèvre, M. Josse, nous dira-t-on? Nous n'éprouvons pas le moindre embarras à répondre que nous vivons, en effet, du produit de notre labeur. Cependant, si nous n'avions consulté que notre intérêt, nous n'aurions pas eu la peine de faire et de publier ce petit travail; car un cheval n'est jamais l'objet d'un commencement de procédure sans être soumis à la visite préalable d'un homme compétent. Que la visite se fasse avant ou après la vente, que nous importe à nous? C'est-à-dire il nous importe pas mal; en effet, de toutes nos fonctions, celles dont les honoraires sont les plus lucratifs, ce sont sans contredit les expertises; or, en empêchant l'achat d'un cheval vicieux, autrement que pour ce qu'il est, nous nous privons souvent d'une excellente occasion de gagner de l'argent sous l'égide la loi.

VIII.

Il est une objection à laquelle nous tenons à répondre ici. On nous dira : « Tout achat entraînant à des frais de déplacement, de conduite et d'entretien de l'animal jusqu'à l'introduction d'instance, l'acquéreur doit les supporter, et y ajouter la perte du bénéfice sur lequel il avait lieu de compter, ou les ennuis du remplacement de l'animal. Ces circonstances, il a dû les prévoir au moment de l'achat; leurs conséquences ont dû tenir son attention éveillée sur l'observation des vices redhibitoires. » Dès lors pourquoi en constate-t-on après la vente, puisque vous prétendez que la plupart sont aussi apparents au moment de l'achat que le lendemain ?

Cette objection est sérieuse ; nous allons nous efforcer d'y répondre très-sérieusement. Séparons ici les marchands des propriétaires.

A. Parmi ceux-ci, il en est beaucoup (ce n'est pas pour les blesser que nous le disons), qui, parce que dans leur jeunesse, ils ont suivi un cours de Saumur, ou parce qu'ayant le goût factice du cheval, ils en montent beaucoup, en attèlent autant et en changent souvent, s'imaginent connaître cet animal à fond : sur ce point ils se font une véritable illusion, que leurs amis partagent. En effet, si l'action de monter à cheval, d'atteler, d'en changer souvent, sont des conditions de premier ordre pour élargir les connaissances hippiatriques, elles profitent à ceux-là seulement dont la réflexion, soutenue par le goût, l'intérêt ou la responsabilité, les appuient sur des notions élémentaires acquises par des études spéciales théoriques, ou simplement pratiques. Voilà pourquoi beaucoup d'amateurs possèdent une fausse réputation et n'en sont pas moins pris pour conseils par leurs amis, auxquels ils font ou laissent commettre des bévues. Nous avons quelques fois parlé des conséquences qui en découlent avec de vrais connaisseurs, car, Dieu merci, il y en a partout, et qui déploraient avec nous de pareilles tendances. Nous le demandons, est-ce pour cet ordre de consommateurs qu'on réserve la loi?

Peut-on nier que l'influence de la loi sur les esprits, car tout le monde la connaît, n'écarte l'attention des acquéreurs des vices rédhibitoires? Ce serait nier l'évidence: l'ennui d'un remplacement n'a pas assez d'importance pour détourner cette trompeuse sécurité. Nous avons bien des fois entendu des acquéreurs à qui on faisait part de soupçons sur l'existence d'un vice, répondre fort tranquillement: « Il est rédhibitoire, nous ferons reprendre l'animal. »

Mais il est des consommateurs de tout ordre: il n'est pas permis de douter que quelques-uns ne trouvent avantage à ne pas s'occuper des vices rédhibitoires, et qui ne rendent le cheval que le neuvième jour, bien qu'ils soient certains de leur existence dès le deuxième, même avant. Ils le font travailler pendant ce temps, et gagnent l'intérêt de leur argent et mieux que leurs frais d'achat.

Nous reconnaissons, du reste, que parmi les éleveurs et les consommateurs de chevaux, il en est beaucoup qui sont incapables de constater ou même de soupçonner un vice, et que, dans certains cas, il leur serait difficile de recourir à un conseil sincère et compétent. Mais c'est sur ce fait, ainsi que nous le verrons plus loin, que repose l'une des sources de fraudes auxquelles donne lieu la loi que nous critiquons.

B. Quant aux marchands, il y en a de deux ordres: ceux qui ont réellement intérêt à n'avoir pas de cas rédhibitoires et appliquent toute leur attention à s'en préserver; et ceux au contraire qui, comme nous le verrons plus loin, exploitent ces vices redhibitoires à leur grand profit, aux dépens de l'ignorance d'éleveurs et de propriétaires que nous venons de signaler.

Parmi les premiers, il nous est facile de prouver que sur au mois deux cents chevaux qui se trouvent constamment chez eux, sur la place de Nantes, il ne se déclare pas en moyenne quatre cas rédhibitoires par an ; quatre cas sur plus de six cents chevaux, en supposant que les marchands renouvellent leurs animaux trois fois par an, ce qui n'est certes pas exagéré !

La même observation s'applique aux achats de chevaux pour la remonte. Nous avons sous les yeux le relevé de trois dépôts, pour les années 1854 à 1858. Pour 13,091 animaux achetés, dans ces cinq années, nous voyons figurer 29 cas redhibitoires, c'est-à-dire à peine un peu plus de deux pour mille achats. Ces cas sont répartis de la manière suivante :

Fluxion périodique des yeux.................	19
Pousse.................................	4
Boiterie intermittente pour cause de vieux mal...	2
Tic sans usure des dents......................	2
Mal caduc..	1
Cornage chronique..........................	1

Est-il possible d'admettre que, sur cette quantité de chevaux, il n'y ait eu que dix-neuf individus atteints de la fluxion périodique des yeux? Nous voudrions, pour la réputation de nos races chevalines, pouvoir répondre par l'affirmative; mais ce serait contraire à l'observation et à la vérité : seulement ceci confirme ce que nous avons dit déjà, que la fluxion périodique échappe au moins trois fois sur quatre à l'action de la loi, grâce à l'éloignement de ses accès.

Quant aux autres vices, valent-ils la peine d'en parler?

En somme, le gouvernement doit à la loi de n'avoir pas perdu cinq ou six mille francs sur des achats d'une importance de plus de neuf millions. En vérité, ces faits sont-ils significatifs?

Cependant, en 1854, on se rappelle la grande quantité de chevaux que les commissions achetaient chaque jour, et le peu d'instants qui étaient consacrés à l'examen de chaque sujet. En outre, on acceptait de toutes mains des animaux ayant atteint leur huitième année et au-delà; beaucoup, en conséquence, étaient refaits. Les marchands, pendant ce coup de feu, étaient tous en campagne et puisaient à toutes les sources.

Voici, dans les trois dépôts, la statistique pour cette année-là :

Chevaux achetés, 6,785.

Fluxion	12
Pousse	1
Tic sans usure de dents	1
Mal caduc	1
Total	15

On le voit, la proportion est exactement la même que pour les années suivantes.

IX.

Nous entrevoyons encore une autre objection qui a réellement son importance. Si parmi les marchands honnêtes (qu'on prenne l'adjectif à son acception absolue ou relative) et dans les achats pour la remonte, on rencontre si peu de cas redhibitoires, cela tient moins aux connaissances et à l'attention des personnes chargées de ces opérations qu'à la prudence des vendeurs de ne pas garantir des chevaux tarés. Cela pourrait être vrai, si nous n'avions des faits positifs à opposer à cette supposition qui, au premier abord, frappe l'imagination. — Les marchands qui s'approvisionnent en Angleterre et en Allemagne n'ont pas, dans ces pays, le bénéfice de notre loi, ni même, dans le premier, celui de la moindre loi. Cependant, ils ne sont pas plus souvent victimes que leurs confrères qui opèrent leurs achats en Normandie. Qu'on prenne des informations à cet égard.

Mieux à portée de notre propre observation, combien de fois les marchands de chevaux bretons sont-ils dupes des vices redhibitoires, bien qu'ils donnent toujours aux éleveurs de la vielle Armorique un billet de non-garantie * ? Pas davantage que ceux qui s'approvisionnent dans

* A cet égard, on nous a raconté un fait curieux, qui s'est passé il n'y a pas longtemps. Un éleveur bas breton possédait une jument qu'un marchand soupçonnait atteinte de la fluxion; mais le vendeur lui ayant offert de la garantir, il l'acheta confiant dans son assurance. La jument alla jusqu'auprès de

le Perche. Qu'on fasse une enquête à cet égard, et nous défions qu'on arrive à un résultat sensiblement différent de celui que nous mentionnons *.

Nous achetons beaucoup de chevaux bretons que les marchands ont pris dans le pays sans garantie, et qu'ils nous garantissent. Nous n'en n'avons jamais rendu, bien qu'après le délai de garantie la fluxion périodique se soit quelquefois déclarée.

Cependant ces marchands ne sont pas, à part leurs connaissances spéciales, dans d'aussi bonnes conditions que les propriétaires, pour opérer dans une foire : la plupart doivent y effectuer de nombreux achats, et, en conséquence, ils n'ont que quelques instants à donner à l'examen de chacun.

Bordeaux, où elle fut, en effet, reconnue atteinte du vice. Action est intentée au vendeur. A l'audience, le rusé Breton exhibe un billet de non-garantie parfaitement en règle, et le marchand en fut pour ses frais. L'énigme ne peut s'expliquer que par une entente entre notre homme et un autre vendeur qui, sûr de sa bête, aura présenté le billet à signer au nom du premier, au lieu de l'avoir écrit en son propre nom. Le marchand, préoccupé, aura signé sans vérification, comme cela se pratique habituellement. Allez donc prouver la fraude et découvrir le complice, quand le marché n'a pas eu lieu en présence de témoins. Il y en a qui diront pourtant : « A bon chat, bon rat ! »

* Il résulte, en effet, des renseignements nombreux que nous avons recueillis, qu'en raison de la disposition particulière de la race bretonne à contracter la fluxion périodique des yeux, il se rencontre dans ces achats en Bretagne, un plus grand nombre de cas de ce vice que dans les convois qui viennent de Normandie. Mais les marchands qui ont opéré en Bretagne avant la mesure prise par les éleveurs et depuis, affirment qu'ils ne se trompent pas plus souvent aujourd'hui qu'autrefois; en d'autres termes, qu'ils rendaient autant de chevaux sous l'empire de la garantie, qu'il leur en est rendu depuis que les Bretons s'en sont affranchis. D'où il faut conclure que la prudence des éleveurs bretons de ne pas vendre des chevaux tarés, quand ils les garantissaient, n'avait aucune influence sur le nombre des cas redhibitoires observés, puisqu'ils ne sont pas plus nombreux dans les ventes opérées sans garantie.

Mais ces connaissances et cette attention qui produisent de tels résultats, les marchands en ont-ils le monopole? Mon Dieu, non! Nous n'avons certes pas la prétention de les circonscrire à eux et à la profession à laquelle nous nous faisons honneur d'appartenir. Les hommes versés dans ce genre de matières reconnaîtront que nous avons raison.

X.

Il est un ordre de faits sur lesquels on peut appuyer une critique de la loi, plus large et d'une plus haute portée.

Pour leur appréciation, nous laisserons subsister la division que nous avons établie plus haut des chevaux d'une valeur au-dessus et de celle au-dessous de 400 fr.

A. Chevaux au-dessus de 400 fr. Quand c'est un propriétaire qui a acheté un cheval d'un éleveur ou d'un autre propriétaire, il est rare qu'il soit conduit loin du lieu où la vente s'est opérée; de sorte qu'à moins d'être acculé par le délai, ou de circonstances spéciales, l'acquéreur donne avis au vendeur de l'existence du vice. Celui-ci se rend aussitôt pour prévenir des frais; l'affaire s'arrange à l'amiable. Si les choses se passaient toujours ainsi, nous reconnaîtrions que le principe de la loi repose sur un piédestal de granit, inaltérable par la succession des siècles *.

* En effet, si dans le commerce des chevaux, il ne s'opérait pas de grands déplacements; s'il était toujours possible de prévenir officieusement le vendeur, avant de lancer la procédure; si les parties étaient animées par

Mais soit que le délai l'y force, ou qu'il y ait eu dans la vente quelque sujet de mésintelligence entre les traitants (cela arrive), requête est présentée et assignation donnée. Le vendeur, quand il en a les facilités et l'*autorisation*, peut s'assurer par l'intervention d'un conseil qui possède sa confiance, si le vice existe ou non : c'est sur son avis qu'il règle sa conduite future. Jusqu'ici, rien de mieux : il y a environ 45 ou 50 fr. de frais, auxquels il faut ajouter ceux de déplacement et de contre-visite ; ce n'est pas ruineux ni exorbitant, quand l'animal surtout est d'une certaine valeur. — Mais si les hommes de l'art ne sont pas d'accord ? Cela se voit quelquefois, trop souvent, hélas ! Dans ce cas, ô ma foi, dans ce cas, en avant les avoués, les avocats, les jugements, les contre-expertises et le jugement définitif. Celui qui gagne, perd ; mais celui qui perd, se ruine !

Cela n'arrive pas souvent, heureusement, grâces au bon sens de nos populations ; mais cela arrive quelquefois. Quand deux hommes possédant de part et d'autre la même confiance, expriment une opinion opposée et que le procès est entamé, il faut bien qu'il ait son cours, à moins qu'une des deux parties ne cède. A qui faut-il s'en prendre de ce fâcheux état de choses ? aux hommes ? Mon Dieu, non ; mais à la science et à la loi.

Quand c'est un marchand qui a acheté l'animal, le plus

un sentiment de franche conciliation, la loi ne présenterait plus le mauvais côté qu'on lui reproche. Mais outre que l'acquéreur sollicite quelquefois avec quelque brutalité, que le vendeur lui-même accueille avec amertume les ouvertures qui lui sont faites, il se rencontre toujours des donneurs de conseils qui enveniment les parties au lieu de les concilier.

souvent il le conduit au loin; quelquefois à une extrémité opposée de la France. Le marchand accompagne le convoi, ou bien il le confie à un garçon et rejoint son domicile par les voies rapides. Si, dans ce dernier cas, ce domicile est tellement éloigné que les chevaux n'y doivent parvenir qu'après l'expiration de neuf jours de garantie, et que quelque vice de la catégorie qui s'y rapporte se soit déclaré pendant le trajet, le marchand perd ses droits, à moins que le garçon n'ait eu le bon esprit de le mettre en règle et n'ait laissé le cheval soupçonné en fourrière, à un lieu d'étape.

A raison de huit à dix lieues de parcours par jour, il peut arriver que le cheval soit à quarante, soixante, quatre-vingt-dix lieues du domicile du vendeur, quand la requête est présentée. Dans ce cas l'assignation peut ne parvenir que douze, quatorze, dix-sept jours après la livraison. Le vendeur est obligé de subir les conditions du marchand, s'il lui en propose; ou d'aller chercher son cheval qu'il ramènera au pays, après avoir dépensé en frais, fourrière, et déplacement le cinquième, le quart de sa valeur. S'il laisse le procès poursuivre son cours, de nouveaux experts peuvent être nommés. Souvent ils sont loin du lieu où l'animal se trouve; si bien que dans ce cas, le tiers de sa valeur est à peine suffisant pour couvrir les frais. Voilà donc un malheureux fermier obligé de quitter ses champs, ses travaux souvent urgents, pour entreprendre un voyage de huit ou douze jours, ou plus.

Mais ceci ne s'applique qu'aux vices à délai de neuf jours; car, quand il s'agit de la fluxion périodique, c'est bien autre chose. Combien de fois, dans le temps, a-t-on vu un Breton traverser Nantes, se rendant à Bordeaux ou aux environs, pour y arranger une affaire de vices redhibitoires qui le concernait. Que veut-on qu'il fît? qu'il en passât par les conditions proposées par son acheteur? Mais elles sont toujours d'autant plus exigeantes que le vendeur est plus éloigné; elles équivalent souvent à la perte totale de l'animal. Néanmoins, dans les premiers temps il les acceptait quelques onéreuses qu'elles fussent; mais bientôt des marchands voyant ces bons paysans de si facile composition, leur écrivaient de Nantes ou d'un peu plus loin, que leur animal avait la fluxion; que s'ils ne recevaient pas tel jour, à tel lieu, une lettre contenant une indemnité qu'ils fixaient, ils laisseraient l'animal en fourrière. C'étaient souvent des menaces chimériques, un véritable chantage auxquels beaucoup se laissaient prendre.

Fallait-il qu'ils chargeassent quelqu'un de leurs intérêts? Mais ils ne connaissaient personne; puis on ne peut pas confier de telles affaires, dans de telles circonstances, au premier venu. Ils se mettaient donc en route: ils trouvaient quelquefois leur cheval réellement atteint du vice. Qu'en faire? le ramener de cent cinquante lieues, ou le vendre sur place pour le quart de sa valeur réelle! — Quelquefois ce vice pouvant être contesté; mais par qui? comment? — Il est arrivé qu'ils ne trouvaient rien du tout!... On leur répondait que le marchand, malgré le vice, avait fait continuer la route au cheval, et qu'il avait laissé les instructions nécessaires pour traiter!... * Ou bien, ainsi que nous l'a

* En effet, un certain ordre de marchands, pour se procurer ce qu'ils appellent leur premier bénéfice, écrivent à leurs vendeurs pour leur dénoncer un vice redhibitoire; et assaisonnent leur prose de mille condoléances. Ils fi-

affirmé un homme parfaitement honorable et haut placé dans la hierarchie sociale, il se trouvait, à la place du cheval vendu, un cheval du même signalement, mais affecté d'un vice redhibitoire ? Conçoit-on une telle friponnerie? Notre trop bon confident céda aux pleurs du misérable et s'en retourna en disant ce que tant se disent à tort : « Qu'il aille se faire pendre ailleurs... » Si ces lignes parviennent jamais jusqu'à lui, comme nous avons lieu de l'espérer, qu'elles flétrissent le filou, l'infâme, d'autant plus coupable que sa position et son éducation pouvaient lui faire attribuer des instincts tout différents.

C'est à des faits de cet ordre que se rapporte un procès n cour d'assises qui, dans le temps, fixa l'attention ; il y eut des condamnations... ; mais ne réveillons pas un souvenir qui s'éteint.

Souvent le bas Breton avait à payer en outre de l'expertise, de l'assignation et de leurs accessoires, tout un jugement. En effet, la jurisprudence, mal fixée alors sur ce point, admettait le recours en garantie d'un défendeur devant un tribunal, contre son vendeur, à quelque ressort qu'il appartint. Pour jouir de ce bénifice, il arrivait très souvent que le marchand simulait une vente, en se faisant poursuivre par quelque coupable complaisant. De cette façon, on appelait l'éleveur en garantie à cent, deux cents

nissent par demander la remise d'une certaine somme pour conserver l'animal et ne pas faire de frais. Dans le nombre, il se trouve toujours quelque victime que l'alternative d'un procès effraie, et qui envoie l'indemnité réclamée : cela se pratique journellement. Nos collègues du Poitou doivent être à même de confirmer si les éleveurs de mules de ce riche pays n'ont pas souvent été, et s'ils ne sont pas encore quelquefois victimes de ce stratagème.

lieues de son domicile : cela s'appelait le moyen des fausses ventes ! Aujourd'hui, les tribunaux semblent admettre le contraire. Mais le vendeur n'en sera pas mieux partagé : au lieu d'une, il paiera les frais de deux instances.

Cependant, tous ces procès, toutes ces fraudes produisaient sur les éleveurs morlaisiens une grande émotion. Un jour, neuf fermiers se rencontrèrent à la même heure au rendez-vous que leur avait assigné l'acquéreur des neuf chevaux déclarés fluxionnaires et qui n'avaient que la cocotte dont nous avons déjà parlé. Leur retour triomphant dans le pays y produisit une grande sensation. Tous les fermiers se concertèrent et jurèrent de se soustraire, à tout jamais, à la garantie. Cette détermination se répandit dans tout le littoral comme une étincelle dans une traînée de poudre. Il y eut une insurrection si bien en masse contre la loi, qu'un beau jour, les marchands furent tout étonnés de voir chez eux une décision générale, unanime, inébranlable de ne plus vendre un seul cheval autrement que sans garantie. Les Bretons sont entêtés, comme on dit ; ils tinrent bon. Ils réussirent complètement *. Depuis six ou sept ans ils jouissent en paix des fruits de leur petite révolution, et leur commerce, aussi considérable que celui de n'importe quelle autre contrée de la France, est resté ce qu'il était : ce qui prouve que la loi fait mieux les

* Lorsque le marchand, à la suite de la foire, prend livraison de ses animaux, au rendez-vous qui est fixé, chaque vendeur, avant de prendre et de compter la somme, lui présente un billet imprimé ou écrit à la main, par lequel il déclare accepter le cheval sans garantie des vices prévus par l'art. 1er de la loi du 20 mai 1838. Quand le billet, dont la signature est vérifiée, est plié et soigneusement placé dans la poche ou le portefeuille, l'éleveur vérifie la somme, l'empoche et s'en va en souhaitant un gracieux adieu.

affaires des huissiers que celles des acheteurs et des vendeurs.

Nous engageons les partisans de la loi d'aller en Bretagne étudier les effets de sa suppression, pour juger de la valeur des observations qui ont contribué à nous conduire à l'opinion que nous cherchons à faire prévaloir.

B. Chevaux au-dessous de 400 fr. Bien que des marchands d'animaux d'une valeur au-delà se rendent souvent coupables des fraudes dont nous allons nous occuper, et dont il n'a pas encore été parlé, nous reconnaîtrons que, dans notre contrée du moins, elles sont surtout exploitées en grand par les marchands d'animaux d'un petit prix.

Quand c'est un fermier qui est acheteur, et qu'il conçoit quelques doutes sur son cheval, il le mène visiter. S'il est atteint d'un vice, l'homme de l'art lui délivre un certificat, avec lequel il va trouver son vendeur, qui reprend l'animal ou le fait visiter par un deuxième expert, avec convention qu'en cas de partage un troisième décidera *.

Il s'arrange ainsi à l'amiable une foule d'affaires.

Mais lorsque, au contraire, c'est un marchand qui a acheté le cheval, les choses ne se passent pas tout-à-fait de la même manière. En général, il tient toujours à com-

* Le certificat délivré de la sorte est sur papier libre et affirme seulement le vice, sans autre développement. En l'absence de cette pièce, il n'est pas un fermier qui ajoutât foi au dire de l'acheteur affirmant qu'il a fait visiter l'animal. Ce moyen évite une foule de procès et rend, dans nos contrées, les plus grands services. L'acheteur lui-même se rend chez le vendeur, pour s'assurer de son identité, de sa solvabilité ; tandis que les marchands, ayant une connaissance parfaite du pays, possèdent toujours ces renseignements et ne consentent presque jamais à faire des démarches pour prévenir un procès qui, comme nous allons le voir, est un de leurs grands moyens pour atteindre le but qu'ils poursuivent.

mencer le procès; et, à moins que l'expert ne lui enjoigne d'écrire à son vendeur, afin qu'il se rende avant un jour fixé, pour éviter des frais, il met l'animal en fourrière et présente sa requête.

Dans le premier cas, quand le vendeur est en présence de l'acheteur, il s'établit entre les deux parties de nouvelles conventions tendant à ratifier le marché, moyennant une indemnité pour la moins-value.

Un de nos jeunes collègues qui, il y a quelques jours, avait obligé un marchand à écrire au vendeur, puisque le délai le permettait, proposa à celui-ci, qui contestait le vice, de faire contre-visiter l'animal. Nous fûmes choisi. Après avoir constaté la pousse, nous prîmes notre collègue à part et lui prédîmes que, dans quelques instants, le marchand serait propriétaire de l'animal, malgré l'existence du vice. En effet, quelques minutes s'étaient à peine écoulées, que ce dernier s'avançant vers nous, proposa notre arbitrage pour fixer l'indemnité. Le cheval avait coûté cent dix francs; il avait fait pour onze francs de frais. Il consentit à les payer et à garder l'animal, moyennant trente francs, soit dix-neuf francs pour toute indemnité. C'est cependant pour une misérable somme de dix-neuf francs que ce marchand aurait, sans pitié, lancé une procédure contre son vendeur, laquelle n'aurait pas coûté un centime de moins que s'il se fût agi d'un cheval d'une valeur de deux mille francs.

Ainsi, voilà un cheval de cent-dix francs dont la pousse ne diminuera ni la durée, ni le service, qui aurait pu amener la ruine d'un brave homme, mais qui, cette fois, ne lui a occasionné qu'un dommage de trente francs, des frais de voyage pour franchir une distance de dix-huit lieues, et la perte de son temps, quelquefois si onéreuse comme résultat agricole, quand elle coïncide avec l'époque de certains travaux, dont un jour de retard, en raison de l'état de l'atmosphère, peut compromettre l'avenir.

Mais si notre collègue, inspiré par un sentiment louable, n'avait pu résister à la volonté du marchand, et que le vendeur eut dû payer le compte ordinaire d'expertise que voici :

Requête et enregistrement de l'ordonnance..	1 45
Honoraires du greffier, timbre et enregistrement du serment.	4 45
Trois vacations de l'expert	21 60
Timbre et enregistrement du procès-verbal..	2 55
Assignation (en moyenne)................	8 »
Fourrière (en moyenne six jours)..........	12 »
Total.............	50 05

et que le marchand n'eût voulu conserver le cheval qu'en affichant des prétentions exorbitantes, que serait-il arrivé? Le vendeur aurait payé cent soixante francs cinq centimes et aurait rejoint son domicile avec son animal.

Mais si, en quittant sa mâsure, emportant tout l'argent qu'il possédait, ne se figurant pas, avec son gros bon sens, que pour un objet de cent francs, on pût en si peu de temps faire pour cinquante francs de frais, et qu'arrivé au lieu de la fourrière, où il ne connaît personne, il soit convaincu qu'il lui manque vingt, trente francs pour liquider son affaire, que se passera-t-il?

Ce qui se passera, le voici : Le marchand, heureux d'une si bonne aubaine, poussera ses exigences jusqu'aux dernières limites : il n'estimera l'animal qu'une minime valeur, et notre innocent villageois sera bien heureux si, après boire, il lui reste dans son gousset de quoi rejoindre sa famille, à laquelle il ne ramène, hélas ! ni le cheval, ni ne rapporte le moindre argent !

Nous avons choisi cet exemple, pour peindre une des phases de l'action redhibitoire dans le commerce des chevaux de petite valeur, parce que la scène s'est passée en présence d'un collègue prêt à témoigner si nous y avons ajouté quoi que ce soit. Mais les faits de cette nature abondent ; il n'est pas de semaine où nous ne puissions en donner la démonstration à qui voudrait en douter. Quant aux prix de cent-dix francs que le cheval dont il vient d'être question nous a présenté, nous ajouterons qu'il en est en grande quantité qui deviennent un sujet de contestation, quoique n'ayant pas une valeur plus élevée : nous sommes même obligé de déclarer qu'il arrive de voir un procès suivre ses phases pour un cheval d'une valeur moitié moindre !

Il arrive souvent que le cheval pour lequel le fermier est inquiété, a été revendu moyennant bénéfice par le marchand et mis en fourrière par le second acheteur. Le premier vendeur se rend alors directement au lieu où l'animal se trouve ; mais là, offrant de payer à l'huissier ou à tout autre la somme qu'il a reçue, plus les frais, on refuse de lui délivrer le cheval, attendu qu'il manque à cette somme le bénéfice réalisé par le second vendeur : nouvelle course au domicile de ce dernier et retour au lieu de la fourrière !

Ou bien, au lieu d'une assignation, le vendeur n'a été averti que par une lettre de l'acquéreur, annonçant qu'ayant revendu le cheval, on lui intente un procès ; qu'il se rende au plus vite pour en arrêter les conséquences. Le marchand, alors, sans nommer son acquéreur, ni désigner le lieu où l'animal se trouve, expose au crédule fermier qu'il serait inutile de se rendre au domicile de ce dernier, qu'on ne l'y rencontrerait pas, attendu qu'il est à telle foire. On se rend à la foire : les frais de voyage, transport et nourriture sont à la charge du malheureux paysan ; mais on n'y trouve pas l'homme. Il faut aller plus loin ou revenir sur ses pas, si bien que lorsqu'on arrive près de l'animal, le trop confiant fermier n'a plus la somme nécessaire pour rembourser sa valeur et solder les frais. Il est ainsi à la discrétion de l'escroc, qui l'exploite sans la moindre pitié.

Mais si le fermier, en recevant la lettre ou l'assignation, n'est plus détenteur de l'argent, s'il l'a employé à solder une dette en souffrance, ou à acheter un autre animal, comment s'y prendra-t-il? S'il ne trouve à emprunter la somme nécessaire, et que cette circonstance parvienne à la connaissance de l'acheteur, celui-ci sera fort heureux de rencontrer un moyen qui doit si bien le servir, parallèlement à ceux que nous venons d'enregistrer.

Un éminent professeur, qui a tant fait pour la science et la profession, dont la parole, rehaussée par l'autorité que donne le véritable talent, est toujours religieusement écoutée, traçait naguère, pour défendre la loi, le tableau d'une famille malheureuse, qui, le lendemain de l'achat d'un animal, s'apercevait qu'il avait un vice.

Hélas! les faits qui se déroulent chaque jour sous nos yeux et nous montrent les pleurs et le désespoir de fermiers, dont la dernière ressource passe dans la main de l'huissier, sont aussi autenthiques et plus multipliés que ceux qui lui ont inspiré cet élan d'éloquence. Nous regrettons qu'il ne puisse pas les juger par ses propres yeux; car nous sommes convaincu que sa bonté d'âme, non moins que sa haute raison, réserveraient à cette classe de victimes une large part de condoléances, dont les acquéreurs innocents et malheureux lui paraissent mériter le monopole.

Car, dans la plupart de tous ces cas, le vendeur ignorait complétement le vice dont son animal était affecté. Cette circonstance est si bien connue des marchands, qu'ils l'exploitent à leur grand profit; car ils se disent :

De même que le vendeur n'avait pu avoir connaissence du vice, de même il se rencontrera un acquéreur qui n'y verra pas plus clair. Notre marchand possède à cet égard un discernement infaillible. Le cheval pour lequel il a reçu une réduction, comme réellement atteint d'un vice, sera vendu, en bonne garantie, à un prix laissant à cet industriel de mauvais aloi un bénéfice sur le premier prix d'achat.

Quand ce moyen présente certaines chances d'insuccès, notre homme a recours à un autre ordre de filouteries. On sait que sur tous les marchés pullulent une masse de courtiers du plus bas étage, n'offrant aucune espèce de responsabilité : c'est un de ces personnages qui, moyennant une modique rétribution, se chargera de la vente de l'animal. Allez donc le poursuivre?

Ou bien se disant le doméstique d'un bourgeois, d'un fermier dont il prendra les allures, le langage et le costume, il se faux-nommera, se disant d'une maison, d'un village, d'une commune où personne ne l'a jamais connu *.

Qu'on ne croie pas que ce que nous disons ici soit le résultat d'un travail de notre imagination. Ceux qui, aussi aussi bien que nous, ont pu observer le mécanisme de la loi dans nos contrées, sont des témoins que nous ne recusons pas et que nous signalons à toutes les personnes portées à nous taxer d'exagération.

Nous allons plus loin, nous déclarons qu'il nous est parfaitement démontré qu'il existe des maquignons recherchant les animaux atteints de vices rédhibitoires, de pousse notamment, ignorés des vendeurs, lesquels sont ensuite exploités, ainsi que nous venons de le voir.

Il est curieux de connaître tous les détours qu'essaient ces filous pour s'assurer des concours indispensables, souvent très sincères, quelquefois trop complaisants.

On sait que les chevaux de maître, quand ils ont acquis un certain degré d usure, sont échangés chez les marchands de chevaux de luxe, qui ne les estiment que le prix qu'un de leurs confrères d'une certaine classe pourra lui-même les payer. Quand le propriétaire n'a pas eu la précaution de se décharger des vices rédhibiteires, il est tout étonné de voir, trois ou quatre jours après, survenir une réclamation qui lui coûte 100, 150 ou 200 fr. Mais le

* Nous avons vu un assez grand nombre de cas de ce dernier genre. Dans quatre où l'acquéreur a tenu à se mettre en règle et aller jusqu'à l'acte de perquisition, il n'est pas arrivé que le fraudeur ait été découvert une seule fois, bien que ces cas remontent à une époque déjà assez éloignée.

cheval n'en est pas moins vendu en bonne garantie, souvent dans le voisinage, et accepté comme tel par quelque innocente victime, qui, du reste, en retire un excellent service.

On comprendra que nous ne puissions pas citer ici les faits qui servent de base à cette allégation ; seulement nous pouvons affirmer qu'ils sont très nombreux.

Le marchand, du reste, ne court presque jamais les chances de subir un procès ; car il surveille si bien son acquéreur pendant le délai de la garantie, qu'il reprend son cheval au moindre danger, quitte à essayer s'il sera plus heureux quelques jours plus tard.

Un seul moyen pourrait remédier à ce fâcheux état de choses. Il consisterait à appliquer à chaque animal reconnu atteint d'un vice, une marque indélébile ; mais, nous le demandons, qui oserait se faire le promoteur d'une telle mutilation ?

Ainsi, quand par menaces ou à l'aide d'un véritable chantage, les acheteurs sont parvenus à se faire rembourser une partie de la somme, ils réalisent, ainsi que nous l'avons déjà dit, ce qu'ils appellent leur premier bénéfice : *premier moyen*.

Quand, après constatation d'un vice, ils conservent l'animal moyennant l'équivalent du préjudice qu'il occasionne, ils se vantent d'avoir démontré l'utilité de la loi et proclament qu'il faut que tout le monde vive : *deuxième moyen*.

Enfin, l'écoulement avec garantie de l'animal taré, grâce à l'ignorance des acheteurs ou à l'emploi des courtiers insolvables, ou encore à l'aide du faux nom, constitue le *troisième moyen*.

IX.

Nous avons sous les yeux l'état des ordonnances qui ont été rendues en 1857 par MM. les juges de paix de la ville de Nantes, commettant des experts pour la constatation de vices redhibitoires : elles sont au nombre de 95.

Nous ne connaissons le vice qui les a provoquées que pour 59.

Ces vices se répartissent comme suit :

Pousse	40
Fluxion périodique des yeux	8
Boiterie intermittente	4
Hernie intermittente	3
Tic sans usure de dents	2
Vieille courbature	1
Morve	1

Ces 59 requêtes ont été présentées par :

Propriétaires	20
Marchands	39

Aucun cheval de luxe n'a été l'objet d'une action en justice pendant cette année-là.

L'animal dont le prix est le plus élevé, était une jument de gros trait, qui avait coûté 715 francs, et pour laquelle, en raison de cette haute valeur, M. le juge de paix commit trois experts *.

Le prix moyen des cinquante-neuf chevaux est un peu au-dessous de 250 fr.

Admettons, ce qui est plutôt en-deçà qu'en-delà de la vérité, que les quatre-vingt-quinze chevaux qui ont fait l'objet d'ordonnances, fussent d'une valeur moyenne de 260 fr., et que les vices dont ils étaient affectés leur aient occasionné une dépréciation d'un quart, nous trouvons qu'ils représentaient en masse une valeur de 24,700 fr.

Dont le quart est de.................. 6,175

D'un autre côté, les frais occasionnés par l'expertise et ses accessoires, montent, à raison de 50 fr. chacune, à la somme de.............................. 4,750 fr.

à laquelle il convient d'ajouter les frais de déplacement, le temps perdu, soit 15 fr. dans chaque affaire, ci....................... 1,425

Le total correspond exactement à celui de la dépréciation, ou au quart de la valeur 6,175

* Cette jument poussive est restée à Nantes, où elle fait le meilleur service qu'on puisse désirer de n'importe quel cheval. Le vendeur, demeurant à environ quatre-vingts lieues de Nantes, chargea une personne de sa connaisance de liquider cette affaire. C'était un marchand de chevaux qui certainement s'en acquitta de son mieux ; il eut à rembourser le prix principal...... 715 fr.

A payer les frais d'expertise, d'assignation, etc, etc 128

Total......... 843 fr.

Il revendit la jument pour la somme de 450 fr. ; de sorte que le vendeur dû lui reporter celle de 393 fr., tandis qu'il ne lui resta comme produit net de sa jument que 322 fr. Cette défaveur s'explique par la nécessité de la vendre sur place, où elle était connue et momentanément dépréciée par la récente condamnation.

De sorte que, pour se rembourser de la moins-value d'un cheval de petit prix, on est dans l'obligation, dès la première étape du procès, de faire des frais qui correspondent juste à la valeur du préjudice qu'on éprouve, ou du moins au quart de la valeur de l'animal supposé exempt de vices. Nous le demandons, une telle loi, quoique basée sur un principe très-équitable, est-elle en accord avec ceux d'une saine économie?

Comme on le voit, nous restons dans les limites les plus modérées dans l'appréciation de la loi, sous ce nouveau point de vue; car il n'est pas rare que le procès ne soit porté devant un tribunal, soit parce que le vice est contesté, soit parce que l'affaire se complique quelquefois de mille incidents imprévus. Dans ce cas, on comprend que le cheval doit à peine suffire à payer le montant des frais.

Environ les deux tiers des requêtes ont, comme nous l'avons dit, été présentées par les marchands; mais celles signées par des fermiers étaient elles-mêmes treize fois dirigées contre ces mêmes marchands, qui ont toujours dû avoir leur recours contre le premier vendeur. De sorte que sur cinquante-neuf affaires, il n'y en a que neuf où l'élément commercial ne se rencontre pas.

Mais, un fait encore très-significatif, c'est que, sur quatre-vingt-quinze cas, le nom d'un marchand figure dix-neuf fois, savoir : seize fois comme requérant et trois fois comme défendeur. En effet, si nous n'avons pu nous procurer les vices pour lesquels trente-six ordonnances ont été rendues, il n'en est pas de même du nom des acquéreurs et des vendeurs.

Or, nous le répétons, un marchand qui intente un procès conserve le cheval avec une indemnité, dans l'immense majorité des cas, et le revend toujours sans déclarer le vice, et sans courir le moindre danger.

Aussi la loi est-elle cause que les vices redhibitoires occasionnent un préjudice considérable, et au-delà de leur importance, à toutes les classes de vendeurs loyaux : 1° par les frais ; 2° par la moins-value ; 3° par la perte de temps. Tandis que la compensation n'existe pas pour le consommateur qui, très-souvent, accepte ces animaux tarés, comme parfaitement bons, soit parce que le vice ne nuisant pas au service de l'animal, son attention n'est pas attirée sur son existence ; soit parce que, très éloigné du domicile d'un homme de l'art, il néglige de le faire visiter pour s'épargner un long déplacement, à moins que le cas, parvenu à un certain degré, n'éveille tout à fait ses soupçons.

Les vices qui ne sont pas redhibitoires, et dont plusieurs, ainsi que nous l'avons vu, sont fort graves, s'ils nuisent à l'acquéreur, ne servent pas du moins les intérêts des marchands pour commettre toutes les fraudes que nous avons passées en revue. En sorte que, si on mettait en regard l'un de l'autre le préjudice occasionné par ces deux ordres de défauts, pour un même nombre de chevaux, représentant la même valeur, on serait frappé de la différence en faveur des vices redhibitoires, qui retirent de l'élevage et de la consommation des sommes considérables, pour les faire passer en la possession des experts, du fisc, des huissiers, etc., etc.

XII.

Quand il se conclut un marché pour un cheval, le vendeur, quel qu'il soit, a, comme on sait, l'habitude de vanter des qualités qui, quelquefois, n'existent pas ; de même que, par les artifices de la plus grande habileté, il cherche à cacher des défauts ou du moins à en détourner l'attention de l'acheteur.

Les gens qui ont l'habitude de ces sortes d'affaires ne tiennent aucun cas de ces jactances banales ; et nous ne saurions trop recommander aux acheteurs de ne compter que sur eux-mêmes, à part quelques exceptions assurément fort respectables.

Mais ces louanges labiales, dont les vendeurs de toute condition font un usage si immodéré, ce qui n'empêche pas la plupart d'entre eux de les flétrir quand ils s'en prétendent victimes, est-ce seulement dans le commerce des chevaux qu'elles sont utilisées?

Qu'on reporte sa pensée vers les allures de la plus grande partie des commis-voyageurs ! Qu'on considère ces larges affiches qui tapissent les murs de chaque coin de rue, et dont une subtilité couvre les allégations mensongères ! Qu'on achète un bouquet, une paire de sabots ! Et qu'on réponde après?......

En conséquence, les bavardages et les vanteries des vendeurs ne devront être considérés par les acheteurs que comme paroles vaines et complètement perdues.

Cependant, lorsque prises au sérieux par ces derniers, ils interpellent leurs co-contractants sur la valeur réelle qu'ils leur attribuent; elles peuvent devenir le point de départ d'une garantie que les jurisconsultes appellent garantie de fait.

Quelquefois, aussi, l'acheteur redoute chez l'animal qu'il examine, en raison de tel ou tel indice, l'existence de certains défauts, niés par le vendeur. Cette nouvelle circonstance peut aussi quelquefois devenir l'origine de la même garantie.

En général, ces garanties, quand elles ne sont pas conçues en termes nets et précis, deviennent l'objet de contestations, soit par la mauvaise foi de l'un des contractants, soit par de simples malentendus.

Nous ne saurions donc trop insister sur l'importance de bien préciser le point sur lequel doit porter cette convention, et de la traduire en termes clairs, éludant toute fausse interprétation.

On sait que le témoignage ne peut être admis que dans les marchés d'une minime importance. Aussi devra-t-on toujours, dans la circonstance qui nous occupe, ratifier cette garantie par un écrit.

Bien qu'en France tout le monde ne soit pas académicien, l'instruction y est cependant assez répandue pour qu'en général il soit possible de traduire avec précision ce que l'on exige et ce à quoi l'on s'engage. Mais, en vérité, si ces garanties dont nous connaissons l'efficacité dans de nombreux cas, en dehors de la redhibition, devaient renouveler les procès connus par de si tristes conséquences, nous ferions des vœux pour qu'il n'en soit jamais réclamé une.

En Angleterre, où il n'existe aucune loi sur les vices redhibitoires, le vendeur délivre quelquefois une garantie conçue en ces termes : « Je vends le cheval sain. » Elle donne souvent lieu à des procès interminables, parce qu'il est difficile de préciser ce qu'on doit entendre par cheval sain. A vrai dire, il n'en existe pas. Nous savons, par les personnes qui ont une connaissance parfaite de ces choses dans ce pays, qu'un procès s'appuyant sur une telle garantie est un mauvais procès, et que l'acquéreur a toujours tort de l'entamer. Cela se conçoit. De plus, nous trouvons que ceux qui s'y laissent prendre méritent qu'on les plaigne à l'égal des victimes du vol à l'américaine.

Cependant on nous a rapporté que, dans ces derniers temps, un Parisien ayant acheté, à Londres, un paire de chevaux expressément garantis attelés par le vendeur, ces chevaux, arrivés à Paris, avaient été reconnus indomptables ou du moins excessivement difficiles à mettre. Notre compatriote aurait alors demandé à son vendeur l'exécution de la convention; mais ce dernier, se croyant parfaitement en sûreté, aurait répondu par un faux-fuyant ou mieux que cela. Mais comme la chose en valait la peine, il aurait suffi de faire repassar le détroit aux deux animaux et d'une assignation devant le juge compétent, pour obtenir raison complète du récalcitrant.

Ainsi, quand un vendeur offre de garantir une qualité, ou qu'un acheteur exige celle de l'absence d'un défaut, l'écrit devra purement et simplement mentionner ce fait; et nous sommes convaincu qu'il n'en pourra jamais résulter un procès difficile à résoudre.

Mais lorsque le vendeur, au lieu de s'être borné aux

innocentes louanges de sa marchandise, les aura accompagnées de manœuvres, ou mieux employées pour masquer ces dernières, dans le but de cacher un vice et de tromper l'acheteur, il sera tenu forcément à des dommages correspondant au préjudice causé, car il se sera rendu coupable d'un véritable dol, et il n'est pas besoin d'une loi sur les vices redhibitoires pour l'atteindre et le réprimer.

XIII.

Dans l'espèce bovine, il existe quatre vices redhibitoires: la phthisie pulmonaire ou pommelière, l'épilepsie ou mal caduc, les suites de la non-délivrance et le renversement du vagin ou de l'utérus. La loi ajoute, pour ces deux derniers cas, « après le part chez le vendeur. »

Nous ne pensons pas qu'il existe en France un pays possédant, proportionnellement à son étendue, une plus nombreuse population bovine que celui que nous habitons.

Cependant, les vices redhibitoires y sont inconnus. Depuis quatorze ans, nous avons été chargé de trois expertises : deux pour l'épilepsie et une pour le renversement du vagin.

Nous ne croyons pas que nos collègues aient un résultat sensiblement différent à offrir.

Aussi nous bornerons-nous, pour démontrer l'inutilité de la loi appliquée à cette espèce, à déclarer que nous avons souvent été témoin de l'empressement de certains vendeurs à reprendre leurs animaux quand on les soupçonnait atteints d'un vice fort contestable ; de même que des acquéreurs ont maintes fois préféré subir une perte et livrer l'animal à l'engraissement plutôt que d'encourir les ennuis d'un procès.

Cependant les termes « après le part chez le vendeur » offrent une large prise à la critiqce ; et il s'est trouvé des magistrats qui les interprètent si bien à la lettre, que du moment où le vendeur prouve que ce n'est pas chez lui que le part a eu lieu, il est complètement déchargé de la garantie. Comme c'est juste !...

Pierre possède une vache dont le part a lieu chez lui. A sa suite, il lui survint un renversement du vagin. La bête est vendue sans garantie, ou en s'exposant à la reprendre avec des frais. Mais Paul qui l'a achetée comme telle, ou qui, l'ayant achetée garantie, a obtenu après constatation du vice, une réduction sur le prix, pourra la revendre à Jacques sans s'exposer aux atteintes de la loi, puisqu'elle n'a pas fait veau chez lui !....

Voilà où aboutit souvent la réglementation d'une chose qui ne peut, qui ne doit pas être réglementée.

XIV.

Quant à l'espèce ovine, nous ne pensons pas que la loi qui s'y rapporte ait trouvé l'occasion de s'exercer une seule fois depuis son existence, dans le département que nous habitons.

A la vérité, les troupeaux y sont assez rares.

En résumé.

A. Si la police des Romains admettait un grand nombre de vices redhibitoires sur les animaux, il faut avouer que notre vieille société, dont les usages nous ont transmis le principe de la redhibition émané du droit romain, a elle-même reconnu le besoin de la limitation de ces vices, puisqu'à la promulgation du Code civil, les provinces qui en avaient le plus ne comptaient que trois ou quatre cas pouvant donner lieu à cette action.

B. En supposant, ce qui est fort contestable, que l'intention du législateur ait été d'étendre à tous les vices cachés ou présumés tels, l'action de l'art. 1641 du Code civil, l'esprit de cet article est demeuré une lettre morte pendant trente-cinq ans, dans les quatre cinquièmes de la France, où l'empire des usages a maintenu l'ancienne limitation des vices.

C. Les principales réclamations qui s'élevèrent contre l'ancienne législation, se rapportaient bien moins au trop petit nombre de vices admis dans chaque localité, qu'à l'opposition des tribunaux dans l'interprétation de la loi; à la diversité des usages consacrant ici un cas redhibitoire qui ne l'était pas là-bas; ainsi qu'à la différence des délais, qui étaient de neuf jours dans une contrée et de trente dans la contrée voisine.

D. La loi du 20 mai 1838 a donc comblé une lacune en

réduisant à néant tous ces usages, derniers vestiges des divisions de notre Empire, dont l'uniformité, l'unité constituent l'un des plus beaux symboles.

E. En théorie rien de mieux, de plus équitable que le principe sur lequel repose cette loi, qui pour donner à cet égard une entière satisfaction, devrait admettre tous les vices cachés dont les animaux peuvent être atteints.

F. Mais quoi de plus imparfait que la nature vivante en présence de nos besoins ou de nos exigences souvent fort capricieuses? Dès lors quel animal n'a pas un vice plus ou moins caché ?

G. En logique, pourquoi admettre dans la loi la série de vices qu'elle comporte, quand on en exclut une masse d'autant de gravité au moins, sans que les raisons que la science donne pour justifier cette préférence ne soient fort contestés par la science elle-même ?

H. Le même ordre de considérations que les partisans des vices actuels ont fait valoir pour exclure des vices fort graves, sont un arme à deux tranchants qu'on peut facilement retourner contre les premiers.

I. Il n'est pas si déraisonnable que beaucoup le pensent de croire que le principe de la rédhibition n'a été maintenu dans le commerce des animaux que pour ne pas briser trop ouvertement avec les habitudes consacrées par la succession des siècles, mais dont le temps et les lumières finissent par faire bonne justice.

J. Si, en théorie, le principe de la redhibition s'applique au commerce de toute chose, en pratique, l'invocation de ce principe est très rare ou même nul, ailleurs que dans les ventes de bestiaux.

K. Parmi les vices admis dans le commerce des chevaux, il en est quatre à type intermittent : la fluxion, le plus préjudiciable, échappe trois fois sur quatre à l'action de la loi, par l'éloignement de ses accès. La prolongation du délai pour atteindre tous les cas équivaudrait à une prohibition de commerce. D'ailleurs, dans un délai aussi long, le germe du mal aurait le temps de se développer depuis la livraison. La boiterie est le plus souvent indiquée par une tare. L'épilepsie et la hernie sont tellement rares qu'elles ne causeraient qu'un mince préjudice aux acheteurs malheureux. Les vices continus ne sont pas plus cachés au moment de l'achat que le lendemain. C'est une question d'appréciation parfaitement à la portée d'un grand nombre, moins facile à résoudre par beaucoup. Pourquoi la loi pour les uns, quand elle n'est utile que pour les autres ?

L. Ces derniers, pour bénéficier de la loi, font toujours visiter l'animal dans le délai de la garantie ; en l'absence de toute loi, ils feront opérer cette visite avant la livraison, et le même résultat sera obtenu.

M. La preuve de la facilité de constater ces vices au moment de l'achat est fournie par les résultats obtenus dans les remontes, l'achat de chevaux en Angleterre, en Allemagne et en Basse-Bretagne.

N. Le plus grand nombre des chevaux des éleveurs sont achetés par des marchands qui, en général, les conservent au-delà de leur délai de garantie, ce qui explique pourquoi la plupart des actions contre les premiers sont intentées par ces commerçants.

Quand les consommateurs se présentent chez ces derniers pour l'achat d'un cheval, ils y trouvent des facilités d'essai que n'offre pas l'éleveur, et il est toujours possible de soumettre l'animal à un examen complet et efficace pour découvrir les vices redhibitoires d'une certaine gravité.

La loi est donc tout à l'avantage des marchands, qui en tirent tout le parti possible, dans leur intérêt.

O. Même quand les parties sont d'égale bonne foi, la constatation des vices et les premiers pas de la procédure entraînent presque toujours à autant ou à plus de frais que le défaut ne porte de préjudice à l'animal. Ceci est surtout vrai pour la pousse, qui, à elle seule, constitue les trois quarts des sujets de contestations

P. Dans le commerce des chevaux de campagne et dans celui des chevaux usés dans le service du luxe, la loi devient, entre les mains de certains marchands, un instrument de fraudes scandaleuses :

1° Quand le cheval, quoique sain, est conduit au loin, le marchand écrit au vendeur que son animal est atteint d'un vice, et que si tel jour il n'a pas reçu telle indemnité, il commencera les frais. Beaucoup cèdent à cette menace.

2° Quand le cheval est réellement atteint, il le conserve moyennant indemnité, laquelle, en y ajoutant les frais et faux frais, équivaut pour le vendeur à la perte totale de l'animal, dans quelques cas.

3° Mais le marchand, détenteur d'un cheval vicié, le vendra néanmoins comme sain, sans redouter les effets de la loi, soit par ignorance ou négligence de l'acheteur, soit par l'emploi du moyen de vente par un courtier insolvable ou à l'aide d'un faux nom.

Q. L'état des ordonnances rendues à Nantes par MM. les juges de paix, à l'effet de nomination d'experts, démontre que la pousse y compte pour les deux tiers des cas, que chacun des autres vices n'y figure que dans une proportion insignifiante.

Cet état, par le nombre de marchands qu'on y rencontre comme demandeurs, corrobore les faits dont nous sommes chaque jour témoin et qui mettent en évidence les fraudes que nous avons signalées.

R. Les lois pénales prescrivant le sequestre des animaux atteints de maladies contagieuses, d'où résulte la prohibition de leur exposition en vente, il n'est pas besoin de dispositions nouvelles pour atteindre les infractions à ces lois, et faire attribuer à la victime la restitution des dommages qu'il a éprouvés.

S. La loi civile est suffisante pour garantir l'acheteur contre la tromperie résultant de l'emploi de manœuvres coupables pour simuler une qualité ou cacher un défaut.

T. La suppression de toute loi pour vices redhibitoires, en empêchant tant de fraudes, et ne créant pas une injus justice flagrante en faveur de quelques vices, sera un bienfait aussi bien pour les consommateurs que pour les producteurs de bestiaux.

FIN.

Nantes. — Imp. W. Busseuil.

www.ingramcontent.com/pod-product-compliance
Ingram Content Group UK Ltd.
Pitfield, Milton Keynes, MK11 3LW, UK
UKHW022110170726
13837UKWH00003B/1150